JN320392

農学教養ライブラリー 2

生物の
多様性と進化

東京大学農学部編

鵜飼保雄
谷内透
田付貞洋
鈴木和夫
久保田耕平
——著

朝倉書店

第 2 巻　執筆者

東京大学大学院農学生命科学研究科

前 生産・環境生物学専攻	鵜飼　保雄*
水圏生物科学専攻	谷内　　透
生産・環境生物学専攻	田付　貞洋
森林科学専攻	鈴木　和夫
森林科学専攻	久保田耕平

〔執筆順・*本巻編集者〕

農学教養ライブラリー

刊行のことば

　21世紀の総合科学として「農学」が注目されるなか，1996年4月，東京大学農学部は新しく生まれ変わった．1994年より大学院農学生命科学研究科を部局化するとともに，21世紀の農学をになう学生の広範な能力を養成するため，農学部ではすべての学科を廃止し，5課程・20専修からなる斬新な教育制度を創設した．同時に，カリキュラムを抜本的に見直し，意欲ある学生を新しい農学の多様な分野へ導くための専門的教養科目として，「農学主題科目」と呼ぶ13の授業科目を新設した．

　21世紀の農学は，生命現象の科学的解明を基礎におき，人類と自然との融合をめざす学問であり，従来の生物生産科学に，生命科学，環境科学，人間科学などを加えて，食糧と環境の問題の克服をめざす，21世紀の人類社会の要請に応える学問である．それぞれの授業科目は，農学の各分野の教官が従来の分野の壁を乗り越えて，共通する課題を取り上げ，有機的に組み立てた新しい体系であり，いずれも21世紀の農学の世界へと導いてくれる．したがって，その内容は，東京大学農学部に学ぶ学生ばかりでなく，全国の農学部学生，農学に関心をもつ社会人にとって有益であると考え，ここに『農学教養ライブラリー』として刊行することとした．

　本シリーズは，東京大学がめざす新しい農学の内容を世に問うとともに，広く農学をめざす学生の専門的入門書として，また，新しい農学に興味をもつ社会人の高度な教養書として役立つものと信ずる．最後に，本シリーズの刊行に終始ご協力いただいた朝倉書店に感謝の意を表する．

東京大学大学院農学生命科学研究科長
東京大学農学部長
小　林　正　彦

序

　「生物多様性」および「進化」という2つの課題は，それぞれが膨大な分野を含み，とても1冊の手頃な書にまとめられるものではない．それにもかかわらずあえてこのような書を出すのは，2つの理由からである．ひとつには生物多様性と進化という生物学の中で最重要の課題について大学生時代の早い時期に概略を知ることが大切であり，そのための参考書が必要と考えたことである．もうひとつは，生物多様性と進化の問題を，われわれの生活に身近な生物―その多くは農学の研究対象となる生物であるが―を題材として，その立場からみたこれらの課題へのアプローチを説いてみたいということである．生物多様性と進化という2つの課題を同じ講義に含めたのは，それらが互いに密接な関連をもつからである．多様性は進化の所産であり，進化の理解なしには多様性を学ぶことは難しく，また現在地球上に見られる生物の多様性を知ることなしには進化の話が具体的にならない．

　進化論の書ではふつう，数十億年にわたる地球の歴史における生物進化の大きな分岐の流れを中心に扱うが，進化の話はそれだけでは必ずしも十分ではない．作物を実際に育て，昆虫を飼育し，森林に入って林木や動物の調査をし，魚を採り計測をしてきた研究者の見た進化というのもあってよいのではないかと思う．農学のなかから見た進化と多様性はまた異なる側面を照らし出す．永い生物進化過程にくらべれば農業の歴史はきわめて短く，今からたかだか1万年程度しか遡れない．しかし，それにもかかわらず農業に関連する生物はわれわれの生活に密着し，大きな影響を与えてきた．被子植物の分岐や脊椎動物一般の進化を知ることは大切であるが，現在私たちの食生活を支えるコムギや魚類の進化について，また環境に関連の深い農業害虫や森林の動植物の多様性について知ることも重要である．

　この書は，東京大学農学部で行われている同名の講義の講義録に基づいている．講義はオムニバス方式として，同じ講義題目の下に専門の異なる数人の教官が講

ずる形式をとっている．学生には，もう少し詳しく聞きたいと思ううちに次の教官になってがらりと話が変わってしまうという批判もあるが，いっぽうでは大きな課題についてさまざまな角度からの見方を自然に教えられてよいとする意見もある．この書にもそのような講義のオムニバス方式が反映している面がある．章の間での連携や，全体としての統一性を強くとることは行っていない．「生物多様性」についても「進化」についても，その研究領域の大きさと複雑さから，研究が進んだ現在でも多くの課題について研究者により見解が必ずしも一致していない．むしろ研究者の数ほど多様な説があるといえる．本書の記述も確立した定説だけではないことを理解したうえで，この書を「生物の多様性と進化」について考えるための素材として使って頂けるならば幸いである．

 1998 年 9 月

鵜 飼 保 雄

目　次

1. 生物の多様性の基礎 ……………………………………〔鵜飼保雄〕… 1
   1.1 生物の多様性とは …………………………………………………… 1
       a．生物の進化 ……………………………………………………… 1
       b．生物の多様性 …………………………………………………… 1
   1.2 DNAレベルにおける生物進化 …………………………………… 2
       a．DNAの量的進化 ………………………………………………… 2
       b．DNA情報の進化 ………………………………………………… 4
       c．DNA情報と進化説 ……………………………………………… 12

2. 生命の誕生 ………………………………………………〔谷内　透〕… 17
   2.1 地球と海の形成 ……………………………………………………… 17
       a．地球の形成 ……………………………………………………… 17
       b．海の形成 ………………………………………………………… 18
   2.2 最初の生命 …………………………………………………………… 19
       a．生命の特徴 ……………………………………………………… 19
       b．生命の誕生 ……………………………………………………… 20
   2.3 原核生物の世界 ……………………………………………………… 21
   2.4 無脊椎動物の世界 …………………………………………………… 23
       a．真核生物の出現 ………………………………………………… 23
       b．多細胞生物の出現 ……………………………………………… 24
       c．無脊椎動物の適応放散 ………………………………………… 25

3. 魚類の進化と多様性 ……………………………………〔谷内　透〕… 29
   3.1 脊椎動物の分類と進化 ……………………………………………… 29

　　　　a．脊椎動物の起源 …………………………………… 29
　　　　b．脊椎動物の分類 …………………………………… 31
　　3.2　魚類の分類 ………………………………………………… 32
　　　　a．魚類の高位分類 …………………………………… 32
　　　　b．無顎類の分類 ……………………………………… 34
　　　　c．軟骨魚類の分類 …………………………………… 34
　　　　d．硬骨魚類の分類 …………………………………… 36
　　3.3　魚類の進化 ………………………………………………… 38
　　　　a．無顎類の進化 ……………………………………… 39
　　　　b．軟骨魚類の進化 …………………………………… 40
　　　　c．硬骨魚類の進化 …………………………………… 40
　　3.4　魚類の多様性 ……………………………………………… 42
　　　　a．生息場所の多様性 ………………………………… 42
　　　　b．形態の多様性 ……………………………………… 43
　　　　c．生態の多様性 ……………………………………… 45

4. 作物の多様性と進化 ……………………………〔鵜飼保雄〕… 48
　　4.1　植物における染色体レベルの進化 …………………… 48
　　　　a．染色体の大きさの進化 …………………………… 48
　　　　b．染色体数の進化 …………………………………… 49
　　　　c．ゲ　ノ　ム ………………………………………… 49
　　　　d．染色体の倍加 ……………………………………… 50
　　　　e．同質倍数体と異質倍数体 ………………………… 50
　　　　f．植物における倍数性の進化 ……………………… 53
　　　　g．相　互　転　座 …………………………………… 54
　　4.2　作物の起源 ………………………………………………… 54
　　4.3　作物の伝播と進化 ………………………………………… 57
　　　　a．作物の伝播 ………………………………………… 57
　　　　b．コムギの進化 ……………………………………… 57

5. 昆虫の多様性と進化 ……………………………〔田付貞洋〕… 61
5.1 昆虫と人間 ………………………………………………… 61
  a．膨大な種数と個体数 …………………………………… 61
  b．パフォーマンス ………………………………………… 61
  c．生息空間 ………………………………………………… 62
  d．害虫と益虫 ……………………………………………… 62
5.2 昆虫の生物学的特徴と多様化の要因 …………………… 62
  a．形　　態 ………………………………………………… 62
  b．生理生態と多様化の要因 ……………………………… 64
5.3 多様性の実際 ……………………………………………… 66
  a．種の多様性：昆虫の分類 ……………………………… 66
  b．形態の多様性 …………………………………………… 69
  c．生理・生態の多様性 …………………………………… 71
  d．種内の多様性 …………………………………………… 73
5.4 昆虫の進化 ………………………………………………… 75
  a．進化の方向性 …………………………………………… 75
  b．昆虫の祖先 ……………………………………………… 77
  c．昆虫の出現時期 ………………………………………… 79
  d．進化の速度 ……………………………………………… 80
  e．昆虫の種分化の契機 …………………………………… 80

6. 森林における生物の多様性 ……………………………………… 82
6.1 地球上での森林の形成 ………………………〔鈴木和夫〕… 82
6.2 森林の生物 ………………………………………………… 86
6.3 植物の分布 ………………………………………………… 87
6.4 裸子植物とマツ科樹木 …………………………………… 90
6.5 世界の森林と気候帯 ……………………………………… 92
  a．熱帯・亜熱帯 …………………………………………… 95
  b．暖（温）帯 ……………………………………………… 95

  c．(冷) 温　帯………………………………………………………… 96
  d．亜　寒　帯 ……………………………………………………… 96
 6.6　熱帯林と東南アジアの熱帯多雨林………………………………… 96
  a．熱　帯　林 ……………………………………………………… 96
  b．熱帯林の多様なタイプ………………………………………… 100
  c．東南アジアの熱帯多雨林……………………………………… 101
 6.7　森林生態系における動物群集　……………………〔久保田耕平〕… 105
  a．脊　椎　動　物 ………………………………………………… 105
  b．無脊椎動物……………………………………………………… 108
 6.8　動物群集の多様性とその保全 …………………………………… 109
  a．動物群集の多様性……………………………………………… 109
  b．植生の変化と動物群集………………………………………… 111
  c．森林動物群集の保全…………………………………………… 114

7.　森林とその生態系の進化 ……………………………〔久保田耕平〕… 118
 7.1　進化のパターン …………………………………………………… 118
  a．生活史とその進化……………………………………………… 118
  b．$r\text{-}K$ 淘汰説と森林動物群集 ………………………………… 119
 7.2　共　進　化 ………………………………………………………… 121
 7.3　血　縁　淘　汰 …………………………………………………… 121
 7.4　低移動性動物の種分化 …………………………………………… 122

索　　引……………………………………………………………………… 127

1. 生物の多様性の基礎

1.1 生物の多様性とは

a．生物の進化

　この太陽系に地球という惑星が誕生したのは46億年前，最初の生命が生まれたのはその6億年後の地殻が形成されたころとされている．しかし初めの30億年という長い間は，嫌気性細菌とくに光合成細菌が地球を占有していた．原始地球の大気は酸素濃度が現在の0.01％以下しかなく，地球表面は還元的環境にあったことによる．また，光合成細菌の生存圏も海に限られていた．成層圏にまだオゾン層がなく紫外線がじかにふりそそぐ地表では，生物は海中にしか生存の場所が得られなかったからである．光合成細菌より放出された酸素は初め海水中の鉄原子の酸化に使われてしまっていたが，しだいに遊離の酸素ガスとして蓄積しはじめた．そのため大気の酸素濃度は20億年前からゆっくりと増加し，酸素下での代謝効率の高い好気性細菌，ついで藍藻が登場した．これらの生物には核がなく細胞内構造が未分化であったが，約18億年前に核をもつ真核生物が誕生し，ついで多細胞生物が生まれた．さらに5億4千万年前のカンブリア紀初頭になると，動物は体型が大型になり爆発的に多様化した．そのころには大気の酸素濃度も現在のレベル近くに達していた．カンブリア紀の間に無脊椎動物の主要な門（phylum）が分化した．4億年前には最初の魚類が現れ，また多細胞の緑藻類から派生した最初の植物が陸上に進出した．2億年前には昆虫類が出現し，白亜期前期の1.2億年前には現在植物の中で繁栄している被子植物が出現した．進化をふり返ってみるとき，われわれが現在地球上にみる多様な動植物が舞台に勢揃いするのは，最近1億年たらずの間にすぎない．

b．生物の多様性

　Wilson（1992）の見積りによれば，地球上に現存している生物の種（species）は約140万を数え，うち75万種が昆虫，24.8万種が植物である．これら現存種も，

かつて地球上に生存した種の総和の1割から1％程度にすぎないといわれる．地球上の生物種はこれまで単調に累積してきたのではなく，進化の試行錯誤のなかで無数の種が現れては消えていった．地球の歴史は環境の激変が何回となく起こり，そのたびに多くの種が絶滅したことを伝えている．種には結果的に寿命があり，生物の多様性も無条件に自然が保証してくれるものではない．しかし，今ほど生物多様性の保全の必要性が叫ばれる時期はない．乱獲と環境破壊により，急速に数多くの生物種が絶滅の危機にさらされるようになったからである．しかし，その事実に人々が気づき，危機感をもつようになったのは，それほど古いことではない．生物多様性（biodiversity）が頻繁に話題にのぼるようになるのは，1986年ワシントンで開かれた多様性に関する会議以降のことである．

1992年に多様性とは「すべての源，すなわち陸上，海中，他の水系およびそれから構成される生態学的複合環境等から由来する生物間の変異性を意味する．生物多様性には種内多様性，種間多様性，生態系の多様性が含まれる」と定義された．生物多様性の評価には，遺伝的評価と生態的評価とがある．遺伝的評価は，生物種の数，核酸ないしアミノ酸配列の変異，種内遺伝変異などを総合して考える必要がある．また生態的評価としては，生態系における栄養水準の変異，生活環の種類，生物資源の変異などに注目しなければならない．

1.2 DNA レベルにおける生物進化

a．DNA の量的進化

1）DNA 量の変化

生物のもつ遺伝情報は核酸に書きこまれている．単細胞生物から高等動植物まで，進化にともない生物種がもつ DNA 量も変化してきた．表1.1に代表的な生物種について，それらがもつ半数体当たりの DNA 量（これを C 値またはゲノムサイズという．塩基対 bp または重さ pg で表す）を示す．SV 40 ウイルスからコンゴーウナギまで生物界全体で5千万倍の違いがある．大腸菌が太古の嫌気性細菌とほぼ同量の DNA 量をもつとすれば，バクテリアから高等動植物に至る約30億年の進化の間に生物のもつ DNA 量は数千倍に増加したことになる．また遺伝子数は，大腸菌で約2,000～3,000，ヒトでは数万～数十万と推定されており，1～2桁増大していることになる．実際に，高等動植物にしか見られない遺伝子も少なくない．たとえばフィブリノーゲン，ハプトグロビン，免疫グロブリンは脊椎動

表 1.1 生物種の DNA 量（半数染色体当たり）

生物種	DNA 量（bp）	生物種	DNA 量（bp）
SV 40 ウイルス	5.3×10^3	トウモロコシ	8.0×10^9
ラムダファージ	4.6×10^4	ユリ	9.0×10^{10}
T 4 ファージ	2.0×10^5	ショウジョウバエ	1.8×10^8
大腸菌	4.5×10^6	ヒト	3.2×10^9
酵母	2.4×10^7	マウス	3.7×10^9
アラビドプシス	8.0×10^7	肺魚	5.0×10^{10}
イネ	4.3×10^9	コンゴーウナギ	1.1×10^{11}

注1）相同染色体をもつ高等動植物では半数の染色体の DNA 量を，一倍体の大腸菌，酵母などでは全 DNA 量を示す．
注2）$1\,\mathrm{pg}=0.965\times10^9\,\mathrm{bp}=6.1\times10^{11}\,\mathrm{dalton}=29\,\mathrm{cm}$

物にしか見られない．しかし生物の分類単位間で詳しく比べてみると，DNA 量は必ずしも生物の機能の複雑さと並行して増大してはいない．たとえば肺魚はヒトの 30 倍，ユリはイネの 10 倍の DNA 量をもつが，それぞれ前者のほうが後者より遺伝情報が多く高度な機能をもつとはいえないであろう．なお細胞質内のミトコンドリアでは核と違って真核生物の下等から高等になるにつれ DNA 量が小さくなっている．

2）反復 DNA

細菌に比べて高等動植物が高い DNA 含量をもつに至った原因には，染色体部分ないし DNA の反復による染色体長の増大と染色体数の倍加の 2 つがある．後者については次章で述べる．反復にはさらに単位配列が直列につながった直列型反復と，ゲノム中に散在した分散型反復とがある．直列型反復は主として不等交叉（unequal crossover），分散型反復はレトロポジションによると考えられている．不等交叉とは，減数分裂において対合した相同染色体間で染色体の乗換えが生じる際に，本来対応している相同部分間ではなく，シャツのボタンのかけちがいのように少しずれた部分間で乗換えが行われ，その結果として染色体部分の重複と欠失が生じる現象である（図 1.1）．同様の現象は体細胞分裂時の DNA 複製において姉妹染色分体間にたまたま交換が生じる際にも起こるが，減数分裂期におけるより頻度が低い．レトロポジションとは，DNA がいったん RNA に転写されたのち，逆転写酵素によりその RNA がふたたび相補的 DNA（cDNA）に転写されて，ゲノム中の元とは違う位置に挿入されることをいう．なお転移した DNA をレトロポゾンとよぶ．反復 DNA はそのくり返しの回数から高度反復 DNA（10^5 以上），中度反復 DNA（10^2〜10^5 未満），弱反復 DNA（10^2 未満）に分けら

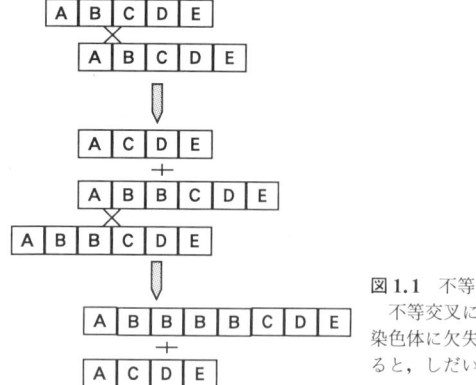

図1.1 不等交叉のモデル
不等交叉により片方の染色体に重複が，他方の染色体に欠失が生じる．不等交叉が何回も行われると，しだいに遺伝子Bが直列的にふえていく．

れる．高度反復配列は，染色体上の動原体（セントロメア），染色体末端（テロメア），異質染色質（ヘテロクロマチン）などで見られる．中度反復DNAの例としては，rRNA遺伝子，tRNA遺伝子，免疫グロブリン重鎖可変領域遺伝子，種子貯蔵タンパク質遺伝子，ヒストン遺伝子などがある．弱反復DNAにはαグロビン，βグロビンなどの遺伝子族がある．遺伝子としての機能をもつ反復DNAは多重遺伝子族（multigene family）とよばれる．高度反復DNAの形成については，不等交叉だけでは説明しきれないとして，遺伝子変換など他の要因も提案されている．反復される配列の長さは数塩基対から数千塩基対までさまざまである．全DNA中の反復DNAの割合は，真核生物でも生物間で異なる．下等な生物では10～20％であるが，高等動物では50％，高等植物では80％に達する．反復程度も下等生物では中度反復までであるが，高等動植物では高度反復が多い．

b．DNA情報の進化
1）遺伝暗号

DNAは塩基，糖，リン酸から構成されている．生物の遺伝情報はDNAの2本鎖上に4種類の塩基（アデニンA，チミンT，グアニンG，シトシンC）による暗号で記されている．その情報がRNAポリメラーゼの働きによりRNAにコピー（転写）される．転写はDNAの2本鎖のうち決まった一方の鎖について行われ，特定の開始部位（プロモータ）から始まり，特定の終結点（ターミネータ）で止まる．またDNA上の塩基A，T，G，Cに対してRNA上のウラシル（U），アデニン（A），シトシン（C），グアニン（G）が相補的に1対1で対応する．な

お遺伝情報の複製，転写の開始や終結などの指令や制御に関連する制御 DNA 配列は転写されることなく終わる．真核生物やウイルスの遺伝子では，タンパク質や RNA として発現する配列部分（エキソン）が発現しない部分（イントロン，介在配列）によって分断されている．ふつうイントロンはエキソンより長い．転写後に，RNA 分子中のイントロンの部分はスプライシングとよばれる過程で除かれ，隣接したエキソン部分がもとの配列の順序と方向性を保ったまま連結される．RNA には翻訳開始に関わるリボソーム RNA（rRNA），メッセンジャー RNA（mRNA），トランスファー RNA（tRNA），スプライシングに関わる snRNA 群など多種類があるが，以上の転写とスプライシングの過程は同様に行われる．つぎに mRNA の塩基配列に対応したアミノ酸が選びだされ，リボソーム上で tRNA の仲だちでペプチド鎖が形成され，タンパク質が合成される．mRNA の塩基配列からアミノ酸配列が作られる過程を翻訳という．真核生物のタンパク質は開始コドン AUG に対応するメチオニンから始まる．この冒頭のアミノ酸は完成したタンパク質から除かれる．真核生物では核内で合成された mRNA は，核膜を通りぬけて細胞質に入り，そこで翻訳される．翻訳されるのは DNA 塩基配列のうち遺伝機能をもつ領域のエキソン部分だけであり，高等な真核生物ではそれ以外のイントロン，機能のない反復配列，rRNA や tRNA などに対応する領域などのほうがずっと多いので，DNA の塩基配列の大部分は翻訳されないことになる．遺伝的機能をもたない塩基配列は，がらくた（junk）DNA とよばれる．暗号を解読してアミノ酸という文字からなる文章に翻訳するのに必要なのが遺伝暗号表である．核酸の 3 塩基の並びが各アミノ酸の種類を決める．この 3 塩基をコドン（codon）という．翻訳における読みとりは，開始コドンというある特定の塩基配列から始まり $5'\to 3'$ 方向に 3 塩基ずつ区切って行われ，終止コドンとよばれる特定の塩基配列で終わる．3 塩基単位の読みはきちんと行われ，通常は重複して読んだり，飛ばしたりすることはない．

表 1.2 は核遺伝子の遺伝暗号表を示す．この暗号表は細菌から高等動植物までほとんどあらゆる生物に共通して適用できるので，普遍暗号表とよばれる．塩基の種類は 4 種類なので，3 塩基からなる配列では $4^3=64$ 通りのコドンがある．それに対してアミノ酸の種類は 20 である．コドンのうちの 3 種 UAA, UAG, UGA は終止コドンで，どのアミノ酸にも対応していない（ナンセンスコドン）ので，それ以外の 61 のコドン（センスコドン）に対して，20 種のアミノ酸が対応するこ

表1.2 遺伝暗号表

コドン	アミノ酸	コドン	アミノ酸	コドン	アミノ酸	コドン	アミノ酸
UUU	フェニルアラニン	UCU	セリン	UAU	チロシン	UGU	システイン
UUC	フェニルアラニン	UCC	セリン	UAC	チロシン	UGC	システイン
UUA	ロイシン	UCA	セリン	UAA	終始コドン	UGA	終始コドン
UUG	ロイシン	UCG	セリン	UAG	終始コドン	UGG	トリプトファン
CUU	ロイシン	CCU	プロリン	CAU	ヒスチジン	CGU	アルギニン
CUC	ロイシン	CCC	プロリン	CAC	ヒスチジン	CGC	アルギニン
CUA	ロイシン	CCA	プロリン	CAA	グルタミン	CGA	アルギニン
CUG	ロイシン	CCG	プロリン	CAG	グルタミン	CGG	アルギニン
AUU	イソロイシン	ACU	スレオニン	AAU	アスパラギン	AGU	セリン
AUC	イソロイシン	ACC	スレオニン	AAC	アスパラギン	AGC	セリン
AUA	イソロイシン	ACA	スレオニン	AAA	リジン	AGA	アルギニン
AUG	メチオニン	ACG	スレオニン	AAG	リジン	AGG	アルギニン
GUU	バリン	GCU	アラニン	GAU	アスパラギン酸	GGU	グリシン
GUC	バリン	GCC	アラニン	GAC	アスパラギン酸	GGC	グリシン
GUA	バリン	GCA	アラニン	GAA	グルタミン酸	GGA	グリシン
GUG	バリン	GCG	アラニン	GAG	グルタミン酸	GGG	グリシン

注）遺伝暗号はふつう mRNA 上の塩基配列で示される．

とになる．この数の違いから，ほとんどのアミノ酸に2つ以上のコドンが重複して対応することになる．これを縮重（縮退 degenerate）という．実際にコドンと1対1の対応をしているのはメチオニンとトリプトファンだけで，ロイシン，アルギニンのように6つのコドンに対応するものまである．なおメチオニンが対応するコドン AUG は開始コドンとしても働く．同じアミノ酸に対応するコドンを同義語コドン（synonymous codon）という．また第3文字だけが異なる同義コドンをまとめてコドンファミリー（codon family）という．遺伝暗号表に縮重があることは，塩基が突然変異によって変化しても，多くの場合産生されるアミノ酸の種類が直接変わることを防いでいるといえる．

原始生命は DNA よりは RNA を基本としていたという説もある．現在のようなコドンとアミノ酸の対応が完成するまでは，原始的な遺伝暗号表が使われていたと考えられる．塩基はプリン核をもつAとG，ピリミジン核をもつT，C，Uに大別される．Rをプリン，Yをピリミジン，Nをどちらかとするとき，すべてのコドンは最初 RNY 型のコドンであったと推測される．これら RNY 型のコドンで規定されるアミノ酸は，グリシン，イソロイシン，スレオニン，アスパラギン，セリン，バリン，アラニン，アスパラギン酸の8種である．これらは隕石中にもよく見出される．普遍暗号系は，原核生物と真核生物の分岐以前に完成した

と考えられる．哺乳類，酵母，ショウジョウバエ，植物などのミトコンドリアのもつ遺伝子では普遍暗号表とはいくつかの点で異なる遺伝暗号表が使われている．ミトコンドリアは原核生物の好気性細菌が高等動植物に細胞内寄生したとされる説があるが，それに従えば，ミトコンドリアでは寄生後に細菌のもつ普遍暗号表を改変して使うようになったと考えられる．またテトラヒメナやゾウリムシなどの原生動物の核遺伝子や原核生物のマイコプラズマの遺伝子についても暗号表が異なる．これらの生物では真核生物の普遍暗号表が完成してからそれを改変して使うようになった．なお植物の葉緑体では普遍暗号表が使われている．

2）進化における突然変異

生物進化は自然に偶発する突然変異（mutation）によって生じた遺伝変異を素材として行われる．DNAの複製は細胞内における誤りを防ぐいくつかの機構の下に非常に正確に行われるが，非常に低頻度ながらエラーが生じる．突然変異とはこのようなエラーによって生じた塩基配列の永続的変化である．染色体レベルでの大きな変異はふつう突然変異に含めない．突然変異には生物の代謝活性や生存にとって有害なものから有利なものまでさまざまある．翻訳領域に生じる突然変異の多くは有害である．非翻訳領域に生じた突然変異は生物の活性や生存に影響なく，進化上中立（neutral）である．突然変異の率は年当たり塩基あたりでふつう10^{-9}のオーダーである．すなわち10億年に数回という低頻度である．ただし，個体当たりでは決して低頻度ではない．たとえばヒトは3.2×10^9の塩基をもつので，毎年平均して少なくとも数個の塩基が突然変異していることになる．

突然変異がDNA上に生じても，それがそのまま新しい変異として生物の進化に組みこまれるわけではない．突然変異が生じた細胞が，個体の発生過程で次代の配偶子の形成につながらなければ，その個体の死滅とともに突然変異を含む細胞も消滅する．次代に伝えられたとしても，ほとんどすべての突然変異は偶発的な頻度の減少や淘汰によってやがては集団から排除されてしまう．有害な突然変異は，それを含む細胞の分裂遅延や死，配偶子の致死や受精率低下，個体の淘汰などさまざまな段階で除かれてしまう．有害さの度合いが大きいほど，突然変異生起後の早い段階で除かれるであろう．

毎世代生産される配偶子は無数に近くても，次代の形成にあずかる雌雄の配偶子の数は集団の個体数に等しい数でしかない．したがって小さい集団では，世代から世代に移る間に，統計学でいう標本抽出誤差により，遺伝子頻度の偶発的な

変動が起こりやすい。これを遺伝的浮動 (genetic drift) という。淘汰に対し中立または中立に近い突然変異では、突然変異をもつ個体が集団から除かれずに、遺伝的浮動によってたまたま増加し、ついには集団の全個体に及ぶことがある。有利な突然変異については、選択が加わるので遺伝的変動だけによるよりも増加のチャンスが高い。ある遺伝子座について、集団の全個体がある特定の対立遺伝子だけをもつに至ることを、遺伝的固定 (fix) という。遺伝的に固定してはじめて、突然変異は安定して進化の長い年代を伝達されていく。すなわち、進化の速度は突然変異率と1個の突然変異が究極的に全集団に広がる確率(遺伝子の固定確率)で決まる。われわれが塩基配列の解析から推定できる置換の速度は、突然変異と固定という2つのプロセスのパラメータの積であり、突然変異率そのものではない。

中立突然変異については、ある特定の個体の(次代の形成にあずかった)ある配偶子に生じた1個の突然変異が遺伝的浮動の結果、集団から除かれずに究極的に固定するに至る確率は、$1/(2N)$ に等しい。すなわち大きい集団ほど突然変異が固定されるチャンスは小さい。配偶子当たりの突然変異率を μ とすると、集団全体で少なくとも1個の突然変異が生じる確率は、ほぼ $2N\mu$ となる。したがって、集団全体としてある突然変異が固定される確率は $1/(2N) \times 2N\mu = \mu$ となり、集団の大きさとは無関係になる。なお突然変異の生起から固定までの時間は平均して集団の有効な大きさの4倍に等しい。すなわち大きな集団ほど突然変異の固定までの時間がかかる。たとえば雌1,000個体,雄1,000個体からなる生物の集団では、有効な大きさは2,000個体になり、突然変異が固定するまで時間は8,000世代になる。1世代の長さが30年の生物では、これは24万年に相当する。

3) 塩基配列の変化

突然変異としての塩基配列の変化様式には4種類ある。(1) 置換 (substitution),(2) 欠失 (deletion),(3) 挿入 (insertion),(4) 逆位 (inversion) である (図1.2)。置換とは1個以上の塩基が異なる塩基と置き換わることである。塩基がもとの配列から失われることを欠失,もとの塩基に入りこむことを挿入という。逆位とは2個以上の塩基配列が逆転することである。これらの変異は主にDNA複製時にA–T,G–C間の相補的な塩基選択に誤りが生じ,ミスマッチになることによる。また紫外線,放射線,代謝過程で生じる化学物質などによるDNAの損傷も変異の原因となる。塩基のミスマッチやDNA損傷が生じても,すぐにそれが変異になる

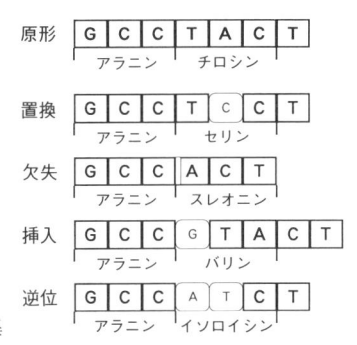

```
原形   G C C T A C T
       アラニン  チロシン

置換   G C C T C C T
       アラニン  セリン

欠失   G C C A C T
       アラニン スレオニン

挿入   G C C G T A C T
       アラニン  バリン

逆位   G C C A T C T
       アラニン イソロイシン
```

図 1.2 DNA塩基配列における4種類の突然変異

のではなく，ほとんどすべては何種類もの修復機構によって修復される．複製時の変異については，修復しきれずに変異として残るのは，もとの異常の 10^{-6} 程度にすぎないといわれる．置換される塩基の長さはさまざまであるが，重要なのは1塩基置換である．欠失や挿入の長さも，1塩基という短い単位から，いくつかの遺伝子を含む長いDNA領域まである．長い配列の欠失や挿入の多くは，不等交叉やトランスポゾンを介してDNAの配列が染色体のある位置からほかの位置へ転座することによって生じる．欠失や挿入がDNAの翻訳領域で生じ，その長さが3の倍数でない場合には，翻訳におけるmRNAのコドンの読みとりは欠失や挿入部分の前までは正常に行われるが，それ以降の塩基については，コドンの読み枠のずれ（reading frame shift）が生じる．ずれた読み枠のぶんだけ誤ったアミノ酸が生じてしまうことになり，その変化はいちじるしい．アミノ酸だけでなく，もとあった終止コドンがセンスコドンになったり，センスコドンが終止コドンに変化したりするため，生成されるタンパク質の長さが異常となる．これをフレームシフト突然変異という．

4）同義置換と非同義置換

塩基配列の変化のうちでとくに重要なのは置換である．一般には1塩基の置換が多い．タンパク質をコードする塩基の置換は，その塩基が置換されても対応するアミノ酸は変わらない同義置換（synonymous substitution）とアミノ酸が変わる非同義置換（non-synonymous substitution）に分けられる．コドンの第1文字の置換では，$61 \times 3 - 9 = 174$ 通りのアミノ酸相互間置換のうち，UUA⇔CUA，UUG⇔CUG，CGA⇔AGA，CGG⇔AGG の8とおり（5％）が同義置換となる．残りは非同義置換であるが，塩基が置換しても，アミノ酸はロイシン/イソロイシ

ン/メチオニン，スレオニン/セリン，グルタミン酸/アスパラギン酸など，側鎖の極性からみた種類が同じものに置換される（同種置換）場合が多い．それに対してコドンの第2文字が置換されるときには，その影響は大きく，すべてが非同義置換，とくにアミノ酸の種類や性質が異なる置換（異種置換）となる．第3文字の置換では，127/174＝73％が同義置換となる．

同義置換は非同義置換より進化における置換速度が高い．真核生物の47種類の遺伝子について調べた結果では，平均して，同義置換率の年当たりサイト当たり 4.65×10^{-9} に対して，非同義置換は 0.88×10^{-9} で，5.3倍であった（Li, 1997）．この大きな差は，突然変異率の差によるのではなく，自然淘汰の差と考えられる．同義置換では生産されるアミノ酸は置換後も変わらないので，自然淘汰をうけず，進化的にほとんど中立である．その置換速度は突然変異率にほぼ等しいとみなせる．それに対して非同義置換では，アミノ酸の変化にともなうタンパク質の疎水性，二次構造，分子量などの変化により生物活性が阻害され，その結果淘汰される．非同義置換速度は遺伝子によって大きく異なる．ヒストン，アクチン，リボソームタンパク質S14，ソマトスタチン遺伝子などは非常に保守的で置換率はサイト当たり年当たり 0.02×10^{-9} 以下であるのに対し，リラクシン，免疫グロブリンIgK，インターフェロン γ，$\beta 1$ などの遺伝子では 2×10^{-9} 以上であった．なお置換率は同じ遺伝子内の領域によっても機能的な重要性の程度に応じて異なる．

5）コドン選択

同義語コドンの間ではどのコドンからも同じアミノ酸が翻訳されるので，生物体内で使われる頻度は同じであると期待される．しかし実際には，コドンの使用頻度はいちじるしく不均等であることが知られている．たとえば大腸菌のロイシンでは対応する6種のコドン中CUGから主に翻訳される（表1.3）．どれが多用されるかは，生物種によって異なり，同じロイシンでも酵母ではUUGからもっぱら翻訳される．コドンの不均等な選択性はニワトリのような高等生物でも認められる．なお高等生物の遺伝子はコドンの3番めの文字がGまたはCである頻度が高い特徴がある．系統的に近縁の生物種間ではコドン選択様式も似ている．すなわちコドンの選択様式は生物ごとに偶然決まっているのではなく，進化における種の分岐過程で比較的安定して伝達されてきたといえる．同じ生物種の遺伝子間では，コドンの選択様式はあまり違わないが，タンパク質の生産量の高い遺伝子ほど選択性の度合いが強い傾向が見られる．

表1.3 大腸菌と酵母の遺伝子における同義語コドンの選択的使用（ロイシンの場合）（池村, 1984 より）

コドン	大腸菌遺伝子						酵母遺伝子					
	tuf AB	omp A	r-pro.	rpo BD	trp	thr AB	G3PDH	Enolase	Actin	Histone. H2A H2B	CYC 1,7	TRP 5
UUA	0	1	4	2	30	14	0	5	2	9	3	15
UUG	0	1	3	8	30	23	41	73	19	31	8	24
CUU	2	0	4	11	20	10	0	0	2	0	1	4
CUC	1	0	3	18	24	18	0	0	0	0	0	4
CUA	0	0	0	1	11	3	1	0	2	4	1	11
CUG	53	21	67	141	133	55	0	0	0	2	0	4

表1.4 哺乳類における13の偽遺伝子における4種の塩基, A, T, G, C 間の置換の相対的割合（%）(Gojobori ら, 1982; Li ら, 1984)

		置換前の塩基			
		A	T	G	C
置換後の塩基	A		4.4±1.1	6.5±1.1	20.7±2.2
	T	4.7±1.3		21.0±2.1	7.2±1.1
	G	5.0±0.7	8.2±1.3		5.3±1.0
	C	9.4±1.3	3.3±1.2	4.2±0.5	

6) 転位と転換

　塩基置換において，ある塩基が他の3塩基中どの塩基の方向に置換するかはランダムではないことが知られている．このような比較を検証するには，淘汰の影響をできるだけ受けないような置換で行う必要がある．コドン第3文字の同義置換では，後述するように特定の同義コドンが選択的に高頻度で使われるので，不適である．このような解析に適した材料は偽遺伝子（pseudogene）である．偽遺伝子とは，既知の機能をもった遺伝子と塩基配列の高い相同性をもつが，自身の機能を完全にもたない遺伝子である．これはかつて遺伝子としての機能をもっていたが進化の途上でその機能を失ったDNA領域である．機能をもたないため，その領域で生じた変異はすべて進化的には中立である．表1.4は偽遺伝子に塩基相互の置換率を示す．塩基置換はプリン（A, G）から他のプリン，またはピリミジン（T, C）から他のピリミジンへ置換される転位（transition）と，プリンからピリミジンまたはピリミジンからプリンへ置換される転換（transversion）に分けられる（図1.3）．置換が4種の塩基 A, T, G, C の間でランダムに生じるとすると，転換は転位の2倍の頻度で起こると期待される．表1.4の結果では，

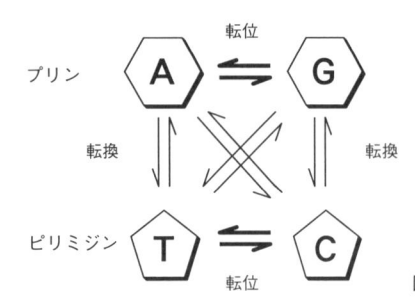

図1.3 転位型置換（太線）と転換型置換（細線）

転位の頻度は59.3％，転換は40.7％であり，かえって転位のほうが高頻度であった．また同じ転位でもC→Tの変化が多く，4種類の変化間で頻度の違いが見られた．転換では変化の方向にあまり差がなかった．転位型と転換型に見られる置換率の差は，ひとつには生物細胞において転換型の置換を抑制する機構があることによる．これは突然変異率の差である．もうひとつは生物体の活性に対する影響の差，すなわち淘汰率の違いである．単環のピリミジンと2環のプリンという立体構造の異なる塩基間での置換である転換は，分子構造が似たものどうしの間の置換である転位より，DNAの立体構造を変化させ，生物体の活性に対する有害な影響が大きいと考えられる．

c．DNA情報と進化説
1）分子時計

アミノ酸の置換率はタンパク質により大きく異なるが，ヘモグロビンというある特定のタンパク質に注目して2種の生物間でアミノ酸配列を比較すると，アミノ酸の置換数はそれらの生物種が分岐した後の時間に近似的に比例することが見出された（Zuckerkandle and Pauling, 1962）．このことはその後チトクロムc，フィブリノペプチド，インスリンなどでも成り立つことが示された．この経験則が広く生物界で認められる事実ならば，これを利用して進化時間を計ることができるので，分子時計（molecular clock）とよばれた．ただし通常の時計が時を刻むように時間に対し正確に比例して置換数が増えるのではなく，遺伝子当たり年当たりの平均置換数をパラメータとする確率的なポアソン過程であると考えた．いわば非常に長い半減期をもつ放射性物質における原子の崩壊数と同じモデルである．

生物間におけるDNAの塩基配列の比較が技術的にできるようになると，塩基置換についても同様な経験則が成り立つかどうかが追求された．アミノ酸配列ではDNAの翻訳領域のしかも非同義置換しか解析できないのに対し，DNA塩基配列を直接に対象とすれば非同義置換や非翻訳領域も含めた情報の進化が解析できる．

　非同義置換については，遺伝子間で置換速度が異なるだけでなく，同じ遺伝子でも生物進化の段階によって置換速度が異なることがヒヒのヘモグロビン，ヒトのチトクロム c，視覚色素遺伝子などで認められている．すなわち進化にともなう置換速度の一定性が必ずしも成り立たない．

　それでは同義置換に限定するならば分子時計モデルが塩基置換でも成り立つのであろうか．しかし同義置換の進化速度も生物によって異なることが認められている．Gillespie(1991)のまとめによると，塩基サイト当たり年当たりの塩基置換率は，哺乳類の 4.65×10^{-9} に対し，げっ歯類では 6.5×10^{-9}，ショウジョウバエでは $8 \times 10^{-9} \sim 16 \times 10^{-9}$，ウシ目偶蹄類では 2.8×10^{-9}，原核生物では 2.5×10^{-9} と最大6倍の幅が認められた．さらにインフルエンザウイルスでは同義置換速度が0.01といちじるしく高く，哺乳類の200万倍の速度をもつ．このように遠縁の生物間における比較では，分子時計はあまり正確な時計とはいえない．このような同義置換率の大きな差異は，DNA修復機構の効率，世代時間の長さ，代謝活性の高さなどの違いによると考えられる．

2）分子進化と形質進化

　進化における塩基やアミノ酸配列の変化を分子進化（molecular evolution）という．Kimura (1968) は，進化におけるDNA塩基の置換は大部分中立または中立に近い突然変異が遺伝的浮動によって偶然固定した結果であり，自然淘汰により進化した結果ではないとし，分子進化の中立説（neutral theory）を提唱した．同義置換や偽遺伝子のように，塩基置換が起きてもアミノ酸が置換されない変異に限れば，このことは厳密に成り立つ．高等真核生物の核DNAの大部分は非翻訳領域であること，また翻訳領域においても26％を占める同義置換が非同義置換に比べて平均して5倍以上置換率が高いことから，塩基配列全体でみても，置換によって生じる変異のほとんどが中立であるといえる．

　翻訳領域における非同義置換についてはどうであろうか？　新ダーウィン主義では，生物の進化は突然変異によって生じた変異が自然選択をうけ環境に適応し

てきた歴史であると考える．これによれば，非同義置換は自然選択される結果，サイレントな置換に比べて塩基置換率が高くなると予想された．そのような例も免疫グロブリンや MHC 遺伝子で見出されている（Hughes and Nei, 1988）が，実際には上述のように非同義置換は同義置換よりはるかに置換率が低い．また非同義置換の置換率は，遺伝子間や遺伝子内の領域間で異なる．中立説では，非同義置換の大部分は生物にとり機能的に有害であるので淘汰されてしまい，その機能的な制約が大きいほど置換率が低くなると説明している．それでは淘汰されずに固定することに成功した非同義置換については，選択的に中立なのか有利なのか，という問が残る．ある特定の置換が進化上有利な変異として選択されていたとしても，他の機能的な制約のある非同義置換もこみで平均すれば，置換率が同義置換の場合より低くなってしまうであろうから，単に非同義置換が同義置換より置換率が低いという事実だけでは，進化における有利な非同義置換の寄与を否定できない．機能的制約による不適な個体の淘汰と遺伝的浮動だけでは，昆虫の

分子系統樹

　生物の系統学的関係を表す樹形図を系統樹という．DNA の塩基配列やタンパク質のアミノ酸配列に基づいて推定される系統樹を分子系統樹とよぶ．分子系統樹は異なる生物間における同じ起源とみられるタンパク質間で対応する DNA 塩基またはアミノ酸の配列を比較して求められる．形態などの形質については，定量的測定が難しいこと，進化速度が系統により，進化時期により，いちじるしく変わること，系統学的に遠縁の生物でも同じような環境に生息する生物間では形質も似通ってくる収斂進化があること，などから，形質に基づく系統樹では，正しい系統関係が得にくいことが多い．それに対して，塩基置換やアミノ酸置換の数は，全生物に共通した基準として測定でき，形質の場合よりもはるかに進化時間に対して一定であり，進化時間に対して単調に増加する発散的進化 (divergent evolution) を示し収斂することはまれである．ただし，分子系統樹といえども，確率的な推定誤差をまぬがれない．また，ひとつのタンパク質について得られた分子系統樹の示す分岐過程は，必ずしも生物自身の分岐過程を表すものではない．生物進化は，いくつかの遺伝子についての分子系統樹に基づいて総合的に考察する必要がある．分子系統樹の作成は，DNA 塩基やアミノ酸配列の膨大なデータベースに基づいてコンピュータ上で相同な配列を検索することから始まる．現在国際 DNA データバンク（GenBank/EMBL/DDBJ）によって，塩基配列データが収集・登録され，世界の研究者に無料で公開されている．1997 年 10 月現在登録されたエントリー数は 173 万，総塩基数は 11.4 億 bp である．

擬態，昆虫と植物の共進化などにみられるような環境に対する高い適応性の進化がどうして可能であったかを説明できない．生物種間で相同なタンパク質における置換の数を比較することにより分子系統樹を推定することができる（コラム参照）．分子系統樹はわれわれにそのタンパク質の機能の進化過程を教えてくれる．また，現存の生物種がいつどのように分岐してきたかを示してくれる．それは化石のみに頼っていた進化学の時代には考えられなかった正確で豊富な知識を与える．この場合，系統樹推定のデータとなるのは大部分は同義置換や非翻訳領域での置換である．しかし，生物進化の原動力となったのはそのような置換ではなく，非同義置換である．生物進化において種が分化し，それぞれの形態的生理的特徴を備えるにいたる過程では，かならず非同義置換によるアミノ酸の変化が生じてきたはずであり，進化の「内容」は，翻訳領域における非同義置換によってのみ決定されてきたといえる．非同義置換の生物の活性に対する影響の程度は，置換される塩基配列の大きさと必ずしも並行的ではない．ごくわずかな数の塩基の非同義置換が形質を劇的に変化させることがある．実際に1個のコドンの非同義置換でも形質が大きく変化する例が，ヒトの鎌形赤血球遺伝子や植物の除草剤抵抗性遺伝子で見られる．進化過程を真に決定してきた非同義置換は，サイレントな置換にくらべて塩基数としてはごくわずかな割合であるので，塩基配列における置換をただ量的に比較したのでは，その生物学的重要性をみのがしてしまうほどである．

　進化は遺伝子を単位としてではなく，さまざまな形質の表現型の総体としての個体を単位として行われる．非同義置換は表現型における形態的生理的な変異をもたらし，それが選択や遺伝的浮動をうけて集団に固定し，系統樹に見られるような分化をもたらしてきた．進化における遺伝子の分岐過程を調べるとともに，種の分化をもたらした生物学的原因はなにか，形質レベルで選択と遺伝的浮動のどちらが実際に働いたのか，選択ならばどのようなタイプの選択が行われたのかを調べ，分子レベル，形質レベル，個体レベルを総合した形で進化の実態を明らかにしてゆくことが必要である．　　　　　　　　　　　〔鵜飼保雄〕

参 考 文 献

Britten, R. J. (1986). Science, **231**, 1393-1398.
Gillespie, J. H. (1991). The Causes of Evolution. Oxford University Press.
Gojobori, T. et al. (1982). *J. Mol. Evol.*, **18**, 360-369.

Hughes, A. L. et al. (1988). *Nature,* **335,** 167-170.
池村淑道 (1984). 分子進化学入門（木村資生編）pp. 91-115, 培風館.
Kimura, M. (1968). *Nature, Lond.,* **217,** 624-626.
木村資生 (1986). 分子進化の中立説, 紀伊国屋書店.
Li, W. H. et al. (1984). *J. Mol. Evol.,* **21,** 58-71.
Li, W. H. (1997). Molecular Evolution. Sinauer Associates.
Moore, P. D. et al. (1996). Global Environmental Change. Blackwell Science.
ウイルソン, E. O. (1995). 生命の多様性（大貫昌子・牧野俊一訳）, 岩波書店.
Zuckerkandle, E. et al. (1962). Horizons in Biochemistry. (ed. Kasha, M. et al.) pp. 189-225. Academic Press.

2. 生命の誕生

2.1 地球と海の形成

　宇宙はビッグバンにより120億年ないし150億年前に誕生したとされるが，まだその時間の長さについては諸説があり混沌としている．ともかく誕生以来宇宙は膨張を続け，やがて太陽系の形成そして地球の誕生という壮大なドラマを生んでいった．地球の誕生については古くからさまざまな説があり，その時代の科学や思想の消長に応じて盛衰をくり返してきた．現在では地球が誕生したのは46億年前であるとの説が一般的である．

a．地球の形成

　地球は太陽系の惑星の1つであるから，地球の形成は太陽系の生成と密接に結びついている．その太陽系は巨大分子雲（水素の密度が周囲よりも高く低温領域が非常に大きな塊）の中に周囲よりやや密度の高い分子雲コアが急速に収縮し，原始的な星ができたことに由来する．原始星は周囲のガスと塵を集めて成長し，10〜100万年ほどすると光で輝くようになる．これがT-タウリ星とよばれる段階で，ある程度質量（太陽くらい）があれば，恒星に成長していき，原始星の周囲にガスと霧の円盤が形成される．これが原始太陽系星雲で，主成分は水素とヘリウムである．この星雲の中には微小な塵が存在し，この塵が惑星形成の材料となった．太陽の近くでは塵はケイ酸塩や酸化物，金属体が主であったが，遠いところでは氷が主体であったと考えられている．中心面では塵は互いの引力により集合し，微惑星とよばれる塵の塊ができる．この微惑星が衝突して合体により月程度の大きさになると，引力により水素やヘリウムが集まり原始惑星が形成される．原始惑星の質量が大きくなると，大量の水素やヘリウムをとり込んで，巨大なガスホールができあがる．これが木星型惑星（木星，土星，天王星，海王星）とよばれ，その芯となる部分は氷塊で質量は地球型惑星（水星，金星，地球，火星）の10倍ほどある．太陽に近い地球型惑星の芯が岩石や鉄であるのと好対照であっ

18 2. 生命の誕生

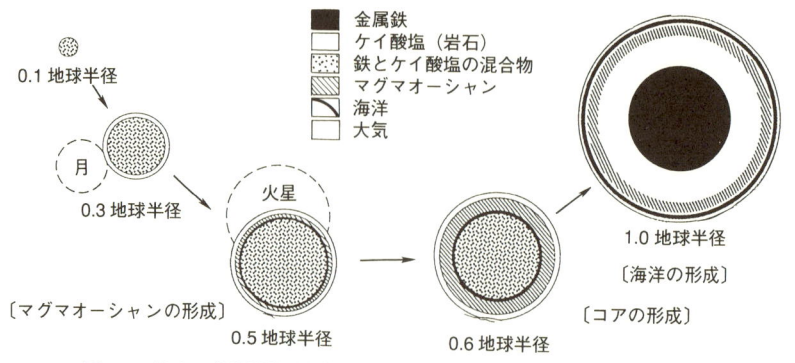

図 2.1 地球の成長段階（奈良県立博物館編．新しい地球史，1995 を改変）

た．なお，原始太陽系にあった水素やヘリウムが現在の太陽系空間にないことから，地球はこれらの元素がなくなってから形成されたという考えと形成後に消失したとの考えがある．原始地球ができあがった後も微惑星が地球に衝突し，地表は高温状態になった．その結果，二酸化炭素や水，窒素などのガス成分が蒸発し，地球は衝突脱ガス状態になる．衝突脱ガスは現在の地球半径の2割くらいになると始まるといわれ，脱ガスの気体は原始地球の周りの大気となって地球を包んだ．この主成分は水蒸気を主体とし，それに窒素が加わったものであった．地球の半径が現在の4割程度になったとき，地球の形成による重力エネルギーからの解放と水蒸気の大気保温効果により地表の温度が上昇していった．このため，岩石がとけてマグマの海（マグマオーシャン）ができ始め，密度の重い鉄が底の方に沈み込む．しかし，その鉄の下には密度の軽い鉄や岩石の混合物があり，不安定な状態になる．その結果，2つの層の入れ替わりが起こり，重い鉄が地球の中心部に落ちていった（図 2.1）．

b．海の形成

地球がマグマの海に覆われているとき，大気自身がマグマの海にとけ込んでいった．温度が高いほど水蒸気はマグマの海にとけ込み，大気中の水蒸気量が少なくなる．そうすると，保温効果が減少して熱が地球から宇宙空間に放出されるために地表が冷却する．冷却すると，マグマ中の水蒸気が大気中に放出され，再び保温効果により温度が上昇する．そうすると再び水蒸気がマグマにとけ込み，地表が冷却化する．このようなくり返しを行っているうちに，地表に衝突する微惑

星の数が減り，衝突エネルギーが減少して地表の温度の冷却化が進む．この結果，大気中の水蒸気が凝結し高温の酸性雨として地表に降り注ぐようになる．おそらく何百年の間地表に豪雨が降り注いだのであろう．地表にたまった水はやがて海を形成していく．現在地表最古の岩石は約39.6億年前の火成岩であるということだが，39.5億年前の堆積岩中の鉱物がアメリカ合衆国から見つかっているので，海は約40億年前に存在していたことになる．これが最近の海形成のシナリオであり，また形成時期の大まかな推定値である．なおこの当時，すでに海水の量は現在とほぼ同じ程度であったという計算結果もある．

2.2 最初の生命

われわれは一口に生命と簡単に口にするが，果たして生命とはどのように特徴づけられるのだろうか．もちろん，哲学的にあるいは宗教的に生命とはなんぞやという命題は，おそらく人が誕生して以来永遠の論争の的であるのかもしれない．しかし，ここでは形而上学的に生命とかあるいは生とかについて論じる場ではないので，まず生物学的な立場から生命の特徴を述べ，それから生命の誕生について論じたい．

a．生命の特徴

まず第1に，生命は外界とは膜により隔離されているということである．しかも，膜に包まれた細胞は外界と何らかの物質交換をする必要があるから，開放系でなければならない．もし細胞が閉鎖系であるとすれば，細胞内の物質は更新することなく消費され，老廃物が細胞内に蓄積されるだけであろう．要するに生命は膜に包まれた存在であるということである．

第2に，生命は自己複製能力をもつということである．細胞はその分裂により自己を複製し，自己の生命を永遠に維持しようとする．この主役はもちろん遺伝子であり，このような遺伝機能がなければ，生命現象は継承されず一代限りでその生命は消滅しなければならなくなる．

第3に，第1のこととも関連するが，生命は代謝機能をもたなければならない．代謝機能とは自己を維持する能力であり，触媒である酵素が重要な役割を演じている．酵素の存在により自己に必要な物質を合成したり，あるいは分解したりして物質代謝を行う．代謝機能が失われれば，それは生命の終わり，すなわち，死

を意味する．

　第4は，生命は進化するということである．前の3つの特徴だけでは，生命は自己維持と自己複製をくり返し，永遠に変化のない生命体を保持するだけである．しかし，生命は実際には進化をしており，前の特徴を破壊して新しい生命体を創出する能力をもつ．永遠に不変な生命体は存在せず，過去に存在した生物も現存する生物もすべて進化の洗礼を受けている．進化はDNA情報の突然変異により生じ，それが環境により淘汰された結果起きうるものと一般的には考えられているが，中立進化説や断続平衡説などの支持者も多く，進化パターンについての論争はまだまだ続きそうである．

b．生命の誕生

　原始大気の主要構成物である二酸化炭素，一酸化炭素，窒素などの衝突脱ガスに雷の放電，宇宙線，紫外線，微惑星などの衝突により作り出された衝撃波エネルギーが付加されて，生命の素材となるアミノ酸，核酸塩基，炭化水素などの単純な化合物が合成されることは，さまざまな実験からも証明されている．これら低分子の化合物が海にとけ込み，重合して高分子になることも実験的に確かめられている．低分子の有機物は隕石や彗星からの落下物からも見つかっており，地球外でも低分子，さらには高分子の有機物が生成された可能性が強い．しかし，生命は宇宙からやってきたという説は，現在では一般的には否定されている．やがて原始海洋中で低分子化合物は重合してタンパク質や核酸などの高分子化合物に進化していった．しかし，このような過程で生命が誕生したという大まかな説に疑問の余地はないとしても，どのようなメカニズムで自己複製機能と代謝機能を備えるようになったかは解明されていない．オパーリンのコアセルベート説がこのようなメカニズムの解明に挑んだことで有名であるが，あくまで仮説でしかない．

　生命誕生のメカニズムが解明されていない現在，どのような条件の下で生命が進化したかについても，まだはっきりとした証拠は示されていない．1つの仮説として，生命は現在でも大西洋や太平洋の海嶺で見られる熱水噴出孔のような場所で誕生したとの説が有力である．この付近は高い水圧と高温の熱水に支配されているにも関わらず，チューブワームなどの珍しい生物が多種多様に生息していることが判明しているが，熱水からでる硫化水素やメタンなどの低分子化合物を

エネルギー源とする化学合成細菌が熱水噴出孔の生態系で重要な役割を演じている．熱水噴出孔に群がる生物はこの細菌を摂食するかあるいは共生させるかしてエネルギーを得る．高温高圧の条件下で太陽エネルギーを必要としない化学合成細菌が最初の生命に何らかの役割を果たしたと考えることも可能である．実際現存する生物中もっとも原始的と考えられる超高熱細菌は原始海洋のような高熱の温泉で生活しているのである．このほかに，原始の海でタンパク質や核酸が生成される可能性のある場所としては，干潟や高温の浅海があげられる．

2.3 原核生物の世界

最初の生命が海の形成とほぼ時を同じくして誕生したとしても，実際にそれらが地球上に何らかの痕跡を残すことはできなかった．少なくとも最初の生命の化石として認知されているのは，それから約5億年後，今から35億年前に地球上に刻まれたシアノバクテリアである．40億年前から35億年前にも生命はすでに存在したと考えられるものの，実際にその証拠は見出せていない．もっとも，現在最古の岩石としては38億年前にできたと推定されているグリーンランドのイスアで見つかった堆積岩であるというのが通説であるが，さらにその年代が更新されて39.8億年前の岩石がカナダ北部のアカスタから報告されているので，いずれ40億年前の岩石に刻まれた生物の化石が見つかることも考えられる．

最初の生命の化石として有名なシアノバクテリアは西オーストラリア州で見つかり，現生のものとほとんど変化していないといわれる．つまり，35億年の間その姿形を変えることなく，連綿と生き続けたことになる．このシアノバクテリアの群生体が岩石に刻み込まれたものがストロマトライトとよばれる化石である．シアノバクテリアは原核生物である藍藻の一種で，光合成を行うことで知られている．つまり，大気中の二酸化炭素と太陽エネルギーから有機物を合成し，かつ遊離酸素を大気中に放出するということである．大量のシアノバクテリアが地球上に繁茂するようになると，当然のことながら大気の組成は変化していく．すなわち原始大気中には存在しなかった酸素が増加するようになる．おそらく現在の大気組成，酸素が20％で窒素が80％という構成はシアノバクテリアの働きでほぼ25億年前に完成したといわれる．つまり，現在の大気組成は生物が作り出したものということになる．酸素が増えればオゾン層が形成され，オゾン層は生物にとって有害な紫外線を遮蔽する役割をもつ．紫外線の照射により繁栄できなかっ

表 2.1 地質時代と魚類の進化 (Long, 1995)

年代	紀	世 (100万年前)		
新生代	第四紀	現世		
		完新世	1.6	大量絶滅
	第三紀	鮮新世	5	人類の誕生
		中新世	25	
		漸新世	45	現代型哺乳類の出現
		始新世	57	進化と多様性
		暁新世	65	
中生代	白亜紀		135	大量絶滅 鳥の放散 哺乳類の進化
	ジュラ紀		205	最初の鳥類 **最初の真骨類** 恐竜の放散
	三畳紀		250	恐竜と哺乳類の出現
古生代	二畳紀		290	大量絶滅 哺乳類様爬虫類の出現
	石炭紀		355	羊膜類の出現
	デボン紀		410	両生類の出現 **肉鰭類の出現** 魚類の時代
	シルル紀		438	**最古の条鰭類** **最初の有顎魚類** **最古のサメの鱗** 大量絶滅
	オルドビス紀		510	**最初の魚類（無顎類）**
	カンブリア紀		540	脊椎動物の起源 多量の有殻生物
先カンブリア紀				エディアカラ無脊椎動物群の出現 真核細胞の出現 35億年前のストロマトライト
			4500	

た生物が陸地近くで生活できるようになり，さらにやがては淡水にも進出し，地球上の広い範囲で生物が生活できるようになったのである．

　地球上に化石として最初に刻まれたストロマトライト以来，実に20億年の長きにわたり，原核生物，すなわち，細胞内の核が膜に包まれない生物が支配する世界であった．初めは酸素を必要としない嫌気性のバクテリアが支配していたがそこから好気性のバクテリアへの進化が起き，それに伴って細胞内の小器官の発達が認められる．藍藻類では，細胞の大きさ，DNA含量，内膜系などを見ると，バ

クテリアと比べものにならないほどの細胞内分化が進み，真核生物への進化の兆しが見え始めるものも出現している．これらの生物における進化はすべて海の中で生じた．海は生命の源であると同時に生命を長きにわたりはぐくみ，やがて真核生物の出現をもたらし，爆発的に生物の世界を拡大させたのである．

現在しられている原核生物としては，古細菌(メタン生成古細菌など)，細菌(マイコプラズマ，スピロヘータ類，緑色硫黄細菌，シアノバクテリア類など)，さらに藍色植物門（シアノバクテリアとして細菌に含まれたり藻類としてこの門の藍藻綱に入れられたりするアオコやスイゼンジノリが含まれる)，および原核緑色植物門がある．このうち古細菌は分子生物学的な系統解析を行うと，むしろ真核生物に近い存在であることが示唆されている．

2.4 無脊椎動物の世界

a．真核生物の出現

14～15億年前に原核生物から真核生物への進化が開始された．最近の説では21億年前に真核生物が出現したともいわれる．真核細胞とは，核膜構造をもつ細胞のことで，われわれ人類を含めた高等生物は真核細胞をもつ．もちろん例外もあり，ある時期に核構造が失われる場合もあるし，ミトコンドリアや葉緑体をもたないものもある．原核細胞から真核細胞へどのように進化したかについては現在は共生説が有力である．共生説に反対する膜進化説を唱える学者もいるが旗色は悪い．そこで，まず共生説についてみることにしよう．

共生説は19世紀後半から考えられてきた説で,細胞内のミトコンドリアは細菌に，葉緑体は藍藻―シアノバクテリア―に類似することからヒントを得た．1970年にMargulisにより，復権がはかられ瞬く間に広まった．共生説を一口でいうと，真核細胞では，その核はマイコプラズマ，ミトコンドリアは好気性細菌，葉緑体はシアノバクテリア，鞭毛はスピロヘータのような各種原核細胞が細胞内に共生し，変化したものであるというものである（図2.2)．その証拠として，好気性細菌はミトコンドリアと同様呼吸代謝を行うこと，葉緑体はシアノバクテリアと同様に光合成代謝を行うこと，スピロヘータは鞭毛同様運動性があることがあげられている．

もちろん共生説に批判的な考えもある．その1つに生物界に広く認められている免疫現象から共生説を否定する説がある．DNA免疫といわれる他種のDNA

24　2. 生命の誕生

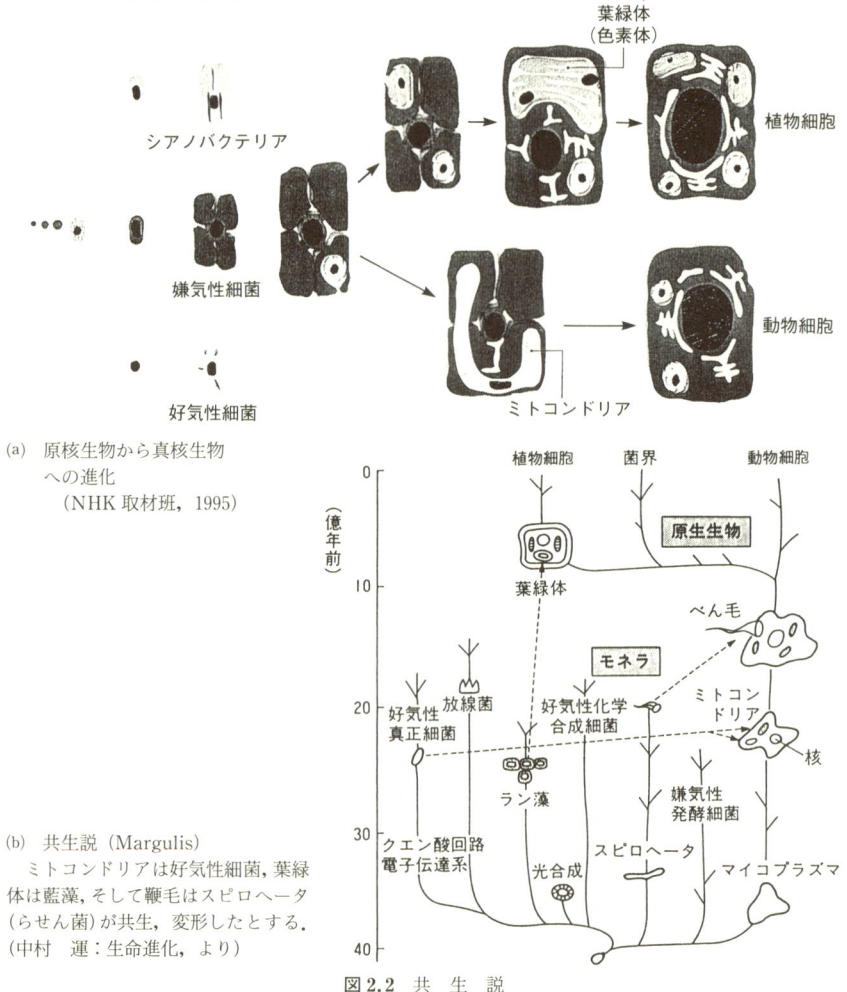

(a) 原核生物から真核生物
　　への進化
　　（NHK 取材班，1995）

(b) 共生説（Margulis）
　　ミトコンドリアは好気性細菌，葉緑体は藍藻，そして鞭毛はスピロヘータ（らせん菌）が共生，変形したとする．
　　（中村　運：生命進化，より）

図2.2　共　生　説

を排除する現象は，細胞では共生は簡単に起きえないことを示している．ましてやはるかに離れた分類群間での共生と遺伝子交雑などは起こりえないと断言する学者もいる．

b．多細胞生物の出現

　真核生物が出現してからも原生生物のような単細胞生物が海の支配者であった．多細胞生物の出現は今から10億年前くらいと考えられている．多細胞化は群体（コロニー）のように単細胞の集合によるのか，受精卵の卵割のように単細胞

の分割によるものかはっきりしない．いずれにしても細胞接合が必要である．ニハイチュウという原始的な体制をもつ生物が多細胞生物の初期段階だとする説もある．単細胞から多細胞に進化する利点については，体が大きくなることにより環境抵抗が高まること，被食の危険が薄まり逆に捕食能力が高まること，分化や分業が進み機能性が高まることがあげられる．さらに，形態の多様性などよりさまざまな外部環境に適応できるようになることも利点である．

　単細胞である原生生物の細胞は多様な進化を遂げていることは，ゾウリムシの例を見ればわかる．細胞は巨大で，その直径が mm 単位に達するものまである．細胞のDNA量も多く，核，ミトコンドリア，収縮胞，鼓動胞，鞭毛および繊毛，口および食胞細胞，細胞肛門，神経，眼点などさまざまな細胞内小器官をもつ．しかし，原生生物は明らかに多細胞化への道を放棄し，単細胞として機能を高める方向に進化したものと推測される．一方，多細胞の機能分化の程度は低いものの，DNAの量的質的変化は単細胞よりははるかに大きく，個々の細胞が協同して個体を完成させる方向に進化していった．

　多細胞化により何が必要になったかを考えてみよう．多細胞化がすすむと内部の細胞は外界との直接の接触を断たれることになる．このため水の流動性を利用した移送系が発達する．刺胞動物のクラゲでは胃水管系により酸素や栄養分の取り入れ，さらに二酸化炭素や老廃物の排出を行う移送系が発達する．高等動物ではこの移送系は消化系あるいは循環系に分化していく．植物では陸上に進出してから維管束系の発達を見た．水中では陸上のような多細胞生物の立体化は起きていないものが圧倒的に多く，直接水との間で物質交換をすることが可能なため，特別な移送系は発達しなかった．

c．無脊椎動物の適応放散

　先カンブリア紀にはすでに刺胞動物や環形動物など原始的な無脊椎動物の化石がエディアカラ動物群から見つかっているが，これらの化石の種数はごく少数で，無脊椎動物が爆発的に適応放散したのはカンブリア紀（約5～5.7億年前）である．特にバージェス頁岩に見られる豊富な無脊椎動物の化石は有名であり，従来の進化の概念を覆す可能性まで指摘されている．多細胞化が進み性の分化が起きて，多様性を生み出す下地が先カンブリア紀の末期に整えられていったということであろう．しかし，それが化石という古生物学上の証拠が出現するにはカンブ

リア紀まで待たねばならなかった．

　カンブリア紀に出現した生物の代表は三葉虫のような固い殻に包まれた動物であった．とくに三葉虫の種分化と適応放散は顕著で，さまざまな系統が出現しカンブリア紀は別名三葉虫時代ともいわれるほどであった．1,500 属，1 万種にも及ぶ三葉虫が存在していたといわれる．固い殻や甲羅を被ることは捕食から逃れるための有効な手段であるが，繁栄した三葉虫が無敵というわけではなかった．アノマロカリスのような捕食動物が出現し，三葉虫の生存を脅かしたといわれる．三葉虫は古生代前期のカンブリア紀からオルドビス紀まで生存したが，やがて滅亡していく．また，カンブリア紀には杯のような形をした古杯類とよばれる化石が礁を作り繁栄した．古杯類は海綿動物と刺胞動物の中間形のような体制をもっていた．古杯類は南北アメリカ大陸を除く世界各地から知られており，塊状や樹状の群体を作って小高い丘のような礁を形づくった．サンゴ類もカンブリア紀後期に発見されているが，現在見られるような大規模なサンゴ礁は形成されていなかったようである．世界各地にサンゴ礁が広く形成されるのはシルル紀の中頃である．原生動物の有孔虫もカンブリア紀に出現しており，キチン質や膠着質だけではなく石灰質の殻をもつものが出現した．

　つぎのオルドビス紀からシルル紀にかけて石灰質をもつ動物の化石がいちじるしく増加し，無脊椎動物のすべての門が出そろった．有孔虫のような単細胞の原生動物はむろんのこと，多細胞の後生動物のほぼどのグループも化石として出現

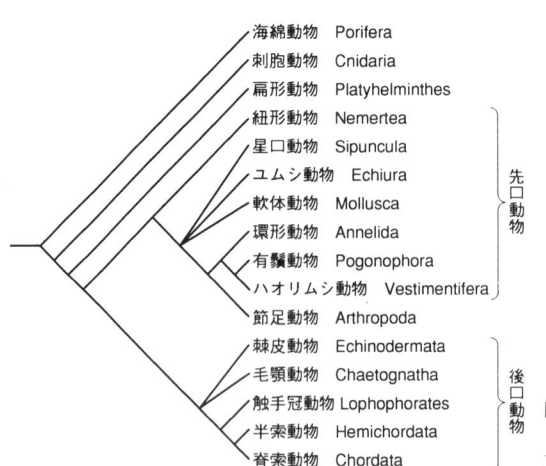

図 2.3　動物の系統関係の一例
（Brusca & Brusea, 1990 に基づく Nielsen, 1995 から引用）

するようになる．後生動物は発生学的には，中胚葉を欠く1群，先口動物（旧口または原口動物ともいい，海綿動物，刺胞動物，扁形動物，環形動物，節足動物，軟体動物，など），それに後口動物（新口動物ともいい，棘皮動物と脊索動物が含まれる）に分けられる（図2.3）が，原生動物と後生動物の中間に位置する中生動物の化石は発見されていない．まさに海はカンブリア紀からシルル紀に多様な無脊椎動物を作りだし，やがてデボン紀への魚類の大繁栄をうみだしたのである．また，生物の陸上への進出が始まり，海の生物を凌駕する多様性を創出した．

環形動物は先カンブリア紀のエディアカラ動物群，カンブリア紀のバージェス頁岩などから発見され，古い時代にこの分類門の動物が出現していることが裏付けられている．しかし，一般的には環形動物の軟体部が化石として残ることはまれなので，歯，顎，外側の管などや，巣孔などの生痕化石が見つかり，その当時の環境がどのようなものであったかを推測する手がかりとなる．

節足動物は先に見た三葉虫類のほか，海グモ類はデボン紀から現在まで，サソリやクモを含む鋏角類のうち腿口類（カブトガニはこの仲間の剣尾類，海サソリは広翼類）はカンブリア紀から現在まで，鋏角類のうちクモ形類はデボン紀から現在まで，甲殻類はカンブリア紀から現在まで生存している．

軟体動物は現生の貝を見ればわかるとおり，石灰質の殻をもつものが多く，化石として残りやすいこともあって，示準化石や示相化石として重要なものが多い．最古の軟体動物の化石はピリナとよばれ，カンブリア紀層から見つかっている．しかし，化石がいちじるしく増加するのはオルドビス紀以降である．軟体動物の中で化石としてよく出現するものは，巻き貝である腹足類とふつうの貝である斧足類，それにイカやタコの仲間である頭足類である．われわれになじみの深いアンモナイトやオウムガイの化石が出現したのも古生代の前半であるが，一般にアンモナイトは中生代の示準化石とされている．オウムガイは現在南太平洋に6種類生息することが知られている「生きている化石」である．

後口動物としては筆石類の化石が有名である．半索動物のフサカツギの仲間と考えられており，オルドビス紀とシルル紀の重要な示準化石となっている．付着生活と浮遊生活をする種類があり，すべて群体を形成する．世界中で見つかっているのはこのような浮遊性と漂流物に固着する性質により，分布が世界的になっていったものと推測される．棘皮動物はウニやヒトデの仲間であり，体表に棘のある石灰質の殻を被ることでこの名がついている．棘皮動物は生理生化学的に，

また体制からも脊椎動物に近い動物と考えられている．カンブリア紀からすでに化石が見つかっているが，本格的に出現するのはオルドビス紀になってからである．この時代に繁栄したものに，海ユリ，海リンゴ，海ツボミ，海果類，座ヒトデなどがあるが，海ユリを除けば古生代にすべて絶滅している．なお，現生の海ユリは中生代に源をもつグループである． 〔谷内 透〕

参考文献（p.47参照）

3. 魚類の進化と多様性

3.1 脊椎動物の分類と進化

a．脊椎動物の起源

前章までに述べたように，少なくともカンブリア紀前半にはまだ脊椎動物の祖先形と見られるような生物は出現していなかった．先カンブリア紀からカンブリア紀初期は無脊椎動物が繁栄し，わずかにカンブリア紀の中期から後期にかけて脊椎動物の祖先形と考えられる動物が化石として出現している．しかし，脊椎動物がどのような無脊椎動物から進化したのか，あるいは，どんな過程を経て脊椎動物が誕生したかについては議論の分かれるところである．なお，脊椎動物は後述のように脊索動物門の1亜門として取り扱われることが多い．

一般的にわかりやすい説としてはRomerの棘皮動物からの進化説がある．前述のように脊椎動物のもっとも近い脊椎動物としては棘皮動物があげられるが，ローマーは脊椎動物の進化起点を海ユリ類に求める．海ユリ類は触腕を用いて水中に漂う食物粒子を摂食する．つぎにこのような食性の類似性から半索動物のフサカツギに代表される羽鰓類を想定する．羽鰓類の中には鰓孔をもつものがある．しかし，鰓孔は呼吸器官ではなく採餌器官として機能している．羽鰓類から進化した腸鰓類のギボシムシは鰓孔を備え，頭部に脊索らしい半索をもち，その背部

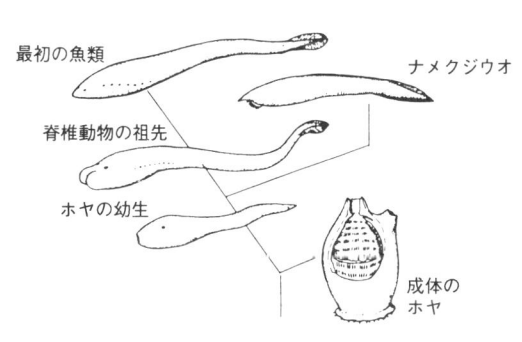

図3.1 脊椎動物の起源
(Long, 1995)

に神経管がある．半索動物の名は完全な脊索をもたず，頭部に脊索のような構造物をもつことに由来する．この先は脊索動物の中でもっとも原始的であると考えられる尾索類（被嚢類ともいい，固着生活を送るものが多い）にたどりつく．ホヤに代表される尾索類の成体は鰓孔はあるものの，棒状の支持器官である脊索を欠く．しかし，その幼生は自由遊泳を行い，その形からオタマジャクシ型幼生とよばれる．この幼生には立派な脊索があり，しかもその背方には神経管，それにもちろん鰓孔もある．脊索動物の一員であるという認定は，生活史の一時期に棒状の支持器官をもつこと，その背方に神経管があること，それに鰓孔があることである．ヒトはこの点で立派な脊索動物の一員である．このオタマジャクシ型幼生が変態せずに繁殖能力をもつようになると(幼生成熟)，頭索類のナメクジウオとの相似性が生まれる．ナメクジウオは透明な魚で魚類に似た体型をもつが，鰭の発達は悪くほとんど砂の中に体を埋めて前端だけを砂中からつきだしている．口先の髭を動かして水流を起こし食物粒子を口に入れると，余分な水は鰓から排出し食物粒子だけを粘液に絡めて腸管に送る．この段階でも鰓孔は呼吸器官としてよりは採餌器官として機能している．その先は魚類の中の無顎類と結びついていく．無顎類の中のヤツメウナギは変態を行い，幼生はアンモシーテスとよばれる．このアンモシーテスはナメクジウオと形態や成体が類似している．このようにして棘皮動物の海ユリ類から無顎類のヤツメウナギにたどり着くのである．もちろんこれらの動物が直接に結びついているのではなく，それらの祖先形を共有しているのである．

　もちろんこのようなわかりやすい説明には落とし穴がある．解剖学的あるいは発生学的に見ると，Romer が示したような進化の図式はありえないと考えるのが Jefferies である．彼は，化石種の石灰索動物，棘皮動物，半索動物，尾索動物，頭索動物，下等な脊椎動物を形態学的および発生学的に比較した結果，Romer が主張するように棘皮動物から半索動物が進化したのではなく，半索動物の祖先形から棘皮動物が進化し，頭索動物→尾索動物→脊椎動物（有頭動物）の順でそれぞれの祖先形が誕生したと主張している．この考えは最近の脊椎動物の進化を扱う古生物学者から多くの支持を得ている．図 3.1 はホヤから魚類への進化を模式的に示したものである．

　直接の脊椎動物の祖先形として注目されるのがコノドントという微小化石片である．19 世紀の中頃に発見されサメの歯の化石として公表されて以来，ゴカイの

歯であるとか,三葉虫の付属肢であるとかさまざまに解釈されたこともある.1970年代になってコノドントコルダータ（錐歯索亜門）という新しいタクソンが作られ，頭索動物と脊椎動物の中間に置かれた．その後訂正が加えられたりしたが，ごく最近になって完全な化石が見つかるようになり，その形状が明らかにされつつある．微小な歯のように考えられていた構造物はコノドントの頭部に位置して，食物のろ過装置のような摂食器官であると推定されている．また，バージス頁岩から見つかったピカイヤは原始的な脊索動物で，脊椎動物の祖先型の化石であるともいわれる．

b．脊椎動物の分類

今まで脊椎動物という用語を無造作に使ってきた．そこで，まず脊椎動物の定義を行っておこう．脊椎動物とは，脊索動物の一員であって，さらに一般的に脊索は骨化して脊柱となり，感覚器は頭部に集中して頭骨で覆われ，消化系，循環系，泌尿生殖系などの内臓器官は腹方に，脊髄が背方にあって，細長い体型をもつ動物である．

脊椎動物の分類は従来は伝統的な分類体系に則って，水に住む魚上綱と陸上に生活する四肢上綱に分類されるのがふつうであり，現在でも多くの書物ではこのような分類体系に従っている．しかし，最近は分岐分類学が隆盛となり，この手法を用いて脊椎動物の分類を再構築すると，従来とまったく異なる分類体系ができあがる．そこで2つの分類体系について概説しておこう．

表3.1と表3.2に2つの脊椎動物の分類法を示した．表3.1は旧来からの分類で一般的にはなじみ深い体系である．カエル（両生類），ヘビ（爬虫類），トリ（鳥類），サル（哺乳類）がそれぞれ対等な分類学的な位置にいるからわかりやすい．系統類縁関係から検討すると必ずしも正しくはないようだが，直感的にトリと恐竜は異なるものであると判断する人の感性にマッチする分類法であるから，簡単に廃れるものではなかろう．一方の分類体系は分岐分類学といって類似や差異の程度に関わらず分類単位の枝分かれにより分類する手法である．基本的には時間の要素が入らず，祖先系（実在するかしないかは別にして）をもとに2分岐して種が分化すると考えるから，当然時間を重視する古生物学者とは一般的には相容れない考え方である．しかし，系統分類学の分野では隆盛を極め，旧来の分類体系を放逐するような勢いである．その一例が表3.2に示されている．この体系で

表 3.1 脊椎動物の分類の一例(コルバント・モラレスより). * は絶滅群.

脊椎動物亜門		
無顎綱	翼甲亜綱* (翼甲類, 腔鱗類)	
	頭甲亜綱 (頭甲類*, 欠甲類*, ヤツメウナギ類)	
	所属不明群 (メクラウナギ類)	
板皮綱*		
軟骨魚綱	板鰓亜綱 (サメ・エイ類)	
	全頭亜綱 (ギンザメ類)	
棘魚綱*		
硬骨魚綱	条鰭亜綱 (軟質類, 全骨類, 真骨類)	
	肉鰭亜綱 (総鰭類, 肺魚類)	
両生綱		
両生・爬虫綱		
鳥綱		
哺乳綱		

(谷内, 1955)

表 3.2 脊椎動物の分類例(Nelson より). ただし新鰭亜綱中の全骨類, 真骨類は従来の呼称を便宜的に用いた. * は絶滅群.

脊椎動物亜門		
無顎上綱	メクラウナギ綱	
	頭甲綱	
顎口上綱	板皮綱*	
	軟骨魚綱	全頭亜綱
		板鰓亜綱
	棘魚綱*	
	肉鰭綱	管椎亜綱 (シーラカンス亜綱)
		未命名の亜綱 (ポロレピス類*, 肺魚類)
		骨鱗亜綱 (オステオレピス亜綱*)
		四肢亜綱 (両生類, 羊膜類)
	条鰭綱	軟質亜綱 (チョウザメ類, ヘラチョウザメ類, ポリプテルス類)
		新鰭亜綱 (全骨類, 真骨類)

(谷内, 1955)

は,まず脊椎動物を無顎上綱(顎のない動物)と顎口(有顎)上綱(顎をもつ動物)に大別する.さらに無顎上綱をメクラウナギ綱と頭甲綱の2綱,顎口上綱を板皮綱,軟骨魚綱,肉鰭綱,条鰭綱の4綱に分け,合計6綱を脊椎動物の大きな分類単位とした.従来軟骨魚類と対等な分類学的な位置にあった両生類,爬虫類,さらには哺乳類は肉鰭綱に含まれる四肢動物亜綱に格下げされている.なお,このような分岐分類学に基づく分類体系は古生物学的な観点からの系統類縁関係でも採用されるようになっているので,いずれこのような分類が主流をなす時代が到来するかもしれない.

3.2 魚類の分類

a. 魚類の高位分類

まず初めに魚類とは何かを定義しておこう.魚類とは主として鰭を運動器官として水中生活を送り,鰓呼吸をする変温脊椎動物である.ものの本によっては無顎類(メクラウナギやヤツメウナギ)を魚類から排除する場合があるが,ここでは一応上記の定義に当てはまるものとして無顎類も魚類に含めることにする.現生の魚類は無顎類,軟骨魚類,硬骨魚類の3つに大別されるが,分類は系統と深

く結びついているから，ものの考え方で分類体系も大きく変わる可能性がある．現に10年が経過すると同一の研究者でも分類体系が変更される場合がある．Fishes of the World の著者である Nelson はほぼ10年ごとに改訂版を出し現在第3版が流布しているが，分類体系はかなり変遷している．種類数も第1版 (1976) では18,818種，第2版 (1984) では21,723種，第3版 (1994) では24,618と増え続けている．だいたい1年に300種近くが増えていることになる．もちろん新種の記載が行われることによる増加が主体であるが，分類学的再検討による種数の増減も寄与している．したがって，21世紀初頭 (2001年) には，魚類の総種類数は26,500種前後になりそうである．

　魚類の分類も先の分岐分類学的な手法を用いた体系と伝統的な分類体系とは当然のことながら異なったものとなる．そこで，伝統的な分類を採用している岩波生物学辞典第4版 (1996, 以下岩波と略記) と分岐分類学に基づく Nelson (1994) の体系を対比させてみよう．まず，両者とも脊椎動物亜門を無顎類と顎口 (有顎) 類に2分する考えには違いはない．ただし，岩波では分類単位としては下門 (subphylum)，Nelson は上綱 (superclass) を用いている．両者とも無顎類を3つの綱 (class)，メクラウナギ綱，プテラスピス (翼甲) 綱，ヤツメウナギ (頭甲) 綱に分けている．しかし，岩波では有顎類を水中生活を主体とする魚形上綱 (Pisciformes, 通常は Pisces と記す) と，肺呼吸と4足で陸上生活をする四肢上綱 (Tetrapoda) に大別しているのに対し，Nelson は5つの綱，すなわち，板皮綱 (Placodermi)，軟骨魚綱 (Chondrichthyes)，棘魚綱 (Acanthodii)，肉鰭綱 (Sarcopterygii)，条鰭綱 (Actinopterygii) に細分し，四肢類は肉鰭綱の中の1亜綱に置いている．つまり，Nelson の体系では四肢類はシーラカンスや肺魚と同じタクソンに置かれ，分類体系からみると四肢動物はもはや魚類と対比される存在ではないということになる．岩波の魚形上綱は板皮綱，軟骨魚綱，棘魚綱，硬骨魚綱の4綱に分けている．両者とも軟骨魚類を板鰓亜綱 (Elasmobranchii) と全頭亜綱 (Holocephali) に分けているので問題はおきないが，硬骨魚類の分類法ではかなり異なった体系を採用している．岩波では硬骨魚綱を肺魚亜綱，総鰭亜綱，腕鰭亜綱，条鰭亜綱の4つに分けて，Nelson の第2版 (1984) と同一の分類体系をとるのに対し，Nelson の第3版 (1994) では肺魚亜綱や総鰭亜綱は肉鰭綱に，条鰭亜綱は綱として独立の地位が与えられている．ここが両者の分類の大きな違いである．条鰭綱または亜綱内で，2つの下綱，軟質下綱 (Chondrostei) と

新鰭下綱（Neopterygii）に分けるところは同一である．なお，現生魚類の分類体系に大まかな合意はできつつあるが，まだ統一的な分類体系の構築にはほど遠い．この理由として，現在の分類体系は形態を主体としているため，どの形質を取り扱うか，あるいはどの形質をどのように評価するかにより分類体系が異なったものとなる可能性があるためである．遺伝子解析による分類体系の構築も提唱されてはいるが，まだ緒についたばかりであり，また魚類は遺伝子解析だけでは高位分類を解決できない多様性と複雑性をもっているということである．

b．無顎類の分類

　無顎類とは脊椎動物の中で唯一顎をもたないグループである．その祖先形はカンブリア紀に最古の脊椎動物として出現している．古生代の無顎類は何らかの装甲を被っていたのに対し，現生種は鱗すら欠いている．現生の無顎類はメクラウナギ類とヤツメウナギ類の2つに大別される．両者はさまざまな点で大きく異なっているため，綱として独立に扱われることもある．生活史の面でも大きな違いが見られる．メクラウナギ類は変態をせず，体表に無数の粘液孔を有して糸状の粘液を放出し，他の動物の鰓を塞いで窒息死させるといわれる．無脊椎動物の内部を食いちぎり，ときには死んだ魚の体内に入り込んで死肉をあさる習性がある．海水と等張の浸透圧をもつ唯一の脊椎動物である．43の現生種が報告されている．いっぽう，ヤツメウナギ類はアンモシーテスという幼生の形で川底から頭を出して栄養物を摂取する生活を数年送った後，変態して海や湖に降下する．寄生型と非寄生型があり，寄生型は他の魚類に寄生して吸血してから産卵するが，非寄生型は変態後餌を摂取せずに産卵する．非寄生型は南半球の淡水からだけ知られている．寄生型では角質歯に囲まれた吸盤状の口をもち，口腔腺からは凝固阻止物質が分泌される．現生のヤツメウナギは41種が報告されている．

c．軟骨魚類の分類

　かつては硬骨魚類は軟骨魚類から進化したと考えられたこともあったが，軟骨魚類は系統的に硬骨魚類と遠い関係にあり，現在では，祖先形を共有してはいてもすでにシルル紀には別個に進化の道を歩んだものと考えられている．その違いは両生類と哺乳類の違い以上であると主張する意見もあるほどである．そこで，表3.3に硬骨魚類と軟骨魚類の違いを列挙した．現生の軟骨魚類は1,000種足ら

表3.3 軟骨魚類と硬骨魚類の違い（谷内，1997）

	軟骨魚類	硬骨魚類
内部骨格	軟骨	硬骨
頭蓋骨	脳函	多数の骨
尾	異尾	基本的には正尾
鱗	楯鱗	コズミン鱗
		パレオニスクス鱗
		硬鱗，円鱗，櫛鱗
鰭条	角質鰭条	鱗条鰭条
交尾器	あり	多くはなし
鰾	なし	多くはあり
心臓	心臓球	動脈球
らせん弁	あり	多くはなし
直腸腺	あり	多くはなし
呼吸孔	多くはあり	多くはなし

表3.4 軟骨魚類の分類（谷内，1997より改変）

軟骨魚綱　Chondrichthyes
　板鰓亜綱　Elasmobranchii
　　ネズミザメ上目　Galea
　　　ネコザメ目　Heterodoniformes
　　　テンジクザメ目　Orectolobiformes
　　　ネズミザメ目　Lamniformes
　　　メジロザメ目　Carcharhiniformes
　　ツノザメ・エイ上目　Squalea
　　　カグラザメ目　Hexanchiformes
　　　キクザメ目　Echinorhiniformes
　　　ツノザメ目　Squaliformes
　　　カスザメ目　Squatiniformes
　　　ノコギリザメ目　Pristiophoriformes
　　　エイ目　Rajiformes
　全頭亜綱　Holocephali
　　　ギンザメ目　Chimaeriformes

ずの比較的小さなグループであるが，やはりその分類については意見が分かれる．板鰓亜綱と全頭亜綱を大別することに異存を挟む向きはないが，板鰓類の分類については時代と共に大きく変遷しており，ここでも伝統的な分類と分岐分類学的手法による分類が大きく対立している．一番の問題点はサメとエイを2分する分類法に対する見解である．1960年代までは板鰓類をサメとエイに大別する分類が主流を占め，また一般にもわかりやすい分類法として普及していた．しかし，1970年代からサメ・エイ2分岐説は後退し始め，板鰓亜綱をツノザメ上目（Squalomorpha），ネズミザメ上目（Galeomorpha），カスザメ上目（Sqautinomorpha），それにエイ上目（Batomorpha）の4つのグループに分ける考えが主流を占めはじめた．サメとエイは見た目には体型，鰓孔の位置（サメでは少なくともその一部が体側に開口するのに対し，エイではすべて腹面にある），頭部と胸鰭間の境界が明瞭か否か（サメでは両者は区分できる），尾部の形などで区分が容易であるが，解剖学的にさまざまな形質を吟味すると別の体系ができあがる．また，古生物学者から一般に原始的なサメと考えられていたラブカやカグラザメはツノザメ類と近縁とされ，また同様に原始的と考えられていたネコザメもテンジクザメ類と近縁とされたところが従来の分類と異なるところである．

最新の分類ではサメ・エイの2分岐説は完全に否定され，ネズミザメ上目（Galea）とツノザメ上目（Squalea）の2つに大別されている（表3.4）．ネズミザメ上目にはネコザメ目，テンジクザメ目，ネズミザメ目，メジロザメ目が入れ

られ，ツノザメ上目にはカグラザメ目（この目をカグラザメ目とラブカ目に細分する分類もある．以下同様），キクザメ目（キクザメ目，ヨロイザメ目），ツノザメ目（ツノザメ目，アイザメ目），カスザメ目，ノコギリザメ目，エイ目が入れられる．このうち最大のグループはエイ目で約460種が認められている．いっぽう，最小の目はカグラザメ目でわずか5種である．

全頭亜綱は板鰓亜綱と軟骨魚綱を形成するとはいっても，すでにデボン紀には別々な進化をたどっていることからもわかるように，板鰓類とはかなり異なった形質を有する．現生種はわずか30種あまりということからも推察できるように，遺存種（生きている化石）とされている．生息場所もごく一部の種類を除けば，深海の生息条件の悪いところに追いやられている．現生種はすべてギンザメ目に入れられ，さらに3つの科，ギンザメ科，ゾウギンザメ科，テングギンザメ科に分けられる．化石種には胎生もいたとされているが，現生種はすべて卵生である．

d．硬骨魚類の分類

既述のように，分岐分類学が現在の分類学の主流となっている関係から，この手法に沿った体系が作られつつある．しかし，形質の数や評価法に違いが見られるために硬骨魚の分類体系は混沌としているといってよい．分類体系を世界的に総述した体系は Nelson（1994）の Fishes of the World なので，この体系と岩波生物学辞典第4版を折衷させた分類体系を本書の分類の基準とすることにする．本書で用いる魚類の分類体系を表3.5に示した．

まず，硬骨魚類を肉鰭亜綱と条鰭亜綱に大別する．肉鰭亜綱には肺魚下綱と総鰭下綱があり，前者には現生種として前者にはケラトドゥス目（オーストラリア肺魚）とレピドシレン目（南米に1種，アフリカに4種），後者にはシーラカンス目（シーラカンス1種）がある．現存種はわずかに7種という小数派である．もちろん化石としては多数の種類が報告されており，むしろ古生代に栄えた魚類といえる．肉鰭とよばれるように，両者はその名のとおり肉質の葉状鰭をもつことで特徴づけられる．

条鰭亜綱はいわゆる鱗状鰭条（鰭条が膜でつながる）をもつ．条鰭亜綱は現生魚類の96％以上，とくに硬骨魚類に限れば99％以上を占めるので，いっぱんに魚類といえば条鰭類を指すことになる．条鰭類は，チョウザメ類からなる軟質下綱と，現存のほとんどの種類が含まれる新鰭下綱からなる．軟質下綱は従来独立

表3.5 現生硬骨魚類の分類（上目と目の名称が同一の場合は目名を省いた）

硬骨魚綱　Osteichthyes
　肉鰭亜綱　　Sarcopterygii
　　総鰭下綱　　Crossopterygii
　　　シーラカンス目　　Coelacanthiformes
　　肺魚下綱　Dipnoi(Dipneustei)
　　　ケラトドゥス目　　Ceratodontiformes
　　　レピドシレン目　　Lepidosireniformes
　条鰭亜綱　Actinopterygii
　　軟質下綱　Chondrostei
　　　チョウザメ目　Acipenseriformes, ヘラチョウザメ目　Polyodontiformes, およびポリプテルス目　Polypteriformes
　　新鰭下綱　Neopterygii
　　全骨区　　Holostei
　　　ガー目　Semionotiformes とアミア目　Amiiformes
　　真骨区　　Teleostei
　　オステオグロッスム亜区　　Osteoglossomorpha
　　　オステオグロッスム目　　Osteoglossiformes
　　カライワシ亜区　　Elopomorpha
　　　カライワシ目　Elopiformes, ソコギス目　Notachanthiformes およびウナギ目　Anguilliformes
　　ニシン亜区　　Clupeomorpha
　　　ニシン目　　Clupeiformes
　　正真骨亜区　　Euteleostei
　　骨鰾上目　　Ostariophysi
　　　コイ目　Cypriniformes, ナマズ目　Siluriformes, カラシン目　Characiformes, ギムノトゥス目　Gymnotiformes　ネズミギス目　Gonorhynchiformes
　　原棘鰭上目　　Protacanthopterygii
　　　サケ目　Salmoniformes, キュウリウオ目　Osemeriformes およびカワカマス目　Esociformes
　　狭鰭上目　　Stenoptetrygii
　　　ワニトカゲギス目　Stomiiformes とシャチブリ目　Ateleopodiformes
　　円鱗上目　　Cyclosquamata
　　　ヒメ目　　Aulopodiformes
　　デメエソ上目　　Scopelomorpha
　　　ハダカイワシ目　Myctophiformes
　　ギンメダイ上目　　Polymixomorpha
　　アカマンボウ上目　　Lampridiomorpha
　　側棘鰭上目　　Paracanthopterygii
　　　アンコウ目　Lophiiformes, ガマアンコウ目　Batrachoidiformes, タラ目　Gadiformes, アシロ目　Ophidiiformes およびサケスズキ目　Percopsiformes
　　棘鰭上目　　Acanthoptreygii
　　　ボラ目　Mugiliformes, トウゴロイワシ目　Atheriniformes, ダツ目　Beloniformes, メダカ目　Cyprinodontiformes, カンムリキンメダイ目　Stephanoberyciformes, キンメダイ目　Beryciformes, マトウダイ目　Zeiformes, トゲウオ目　Gasterosteiformes, タウナギ目　Synbranchiformes, カサゴ目　Scorpaeniformes, スズキ目　Perciformes, カレイ目　Pleuronectiformes, フグ目　Tetraodontiformes

の下綱と認められていた腕鰭類（背鰭前方に5〜18条の離鰭をもち，アフリカに生息する約10種のポリプテルス類）とチョウザメ類（尾鰭の下葉より長い上葉に椎体が走るチョウザメ類24種とヘラチョウザメ類2種の合計26種）を合わせ，わずかに36種ほどしか現存していない．その名のとおり軟骨が多く，硬鱗（ヘラチョウザメ類を除く）が並び，呼吸孔をもっているなど原始的な特徴を備える．新鰭下綱の現生種は，原始的なガー目（北米から中米の淡水に主として生息するガー目7種と同じく北米の淡水に生息するアミア目1種）を除けば，すべて真骨区（Teleostei）に含まれる．つまり，硬骨魚のほとんどは真骨魚ということである．

また，真骨類は全骨類の祖先形から進化したものとされている．真骨区は4つの亜区（subdivision），オステオグロッスム亜区，カライワシ亜区，ニシン亜区，正真骨亜区に大別される．オステオグロッスム亜区はアロワナやピラルクなど熱帯域に生息する原始的な魚類からなる．日本には観賞魚として輸入されるが，固有種はいない．カライワシ亜区は，葉状の半透明なレプトケファルス幼生を過ごすことで特徴づけられる．ウナギ目，カライワシ目，などが含まれ，とくにウナギ目はわれわれになじみが深い．ニシン亜区はニシン目だけであるが，世界の漁獲量の5分の1はこの魚類でしめられるほど産業上重要である．後述の真骨魚類における原始的な形質をほとんどもち合わせている．正真骨亜区は，骨鰾上目（コイ目，カラシン目，ナマズ目など5目），原棘鰭上目（サケ目など3目），狭鰭上目（ワニトカゲギス目など2目），円鱗上目（ヒメ目），デメエソ上目（ハダカイワシ目），アカマンボウ上目（アアカマンボウ目），ギンメダイ上目（ギンメダイ目），側棘鰭上目（タラ目，アンコウ目など5目），棘鰭上目（ボラ目，トウゴロイワシ目，カサゴ目，スズキ目，カレイ目，フグ目など13目）と多数の魚類が含まれる．スズキ目は9,300の種類数をもつ脊椎動物中最大の目であり，生活域，形態，生態がきわめて変化に富むわれわれにもっともなじみの深いグループである．

3.3 魚類の進化

進化は系統分類と密接に結びついているから，分類体系が変化すると進化の経路も変化することがある．ここでは現在主流になっている魚類の進化に対する考えに基づき，その概要を述べたい．

a．無顎類の進化

　まず，もっとも原始的なところに位置するのが無顎類である．顎を欠くということで脊椎動物の根本に位置することには衆目の一致するところである．無顎類の中では最初に現れたのは甲皮類とよばれ，現在の無顎類と似ても似つかぬ外骨格に包まれた体をもっていた．この中でも，もっとも原始的とされているのが翼甲類で，カンブリア紀層から化石が出現している．骨性の装甲を頭と胴に被っていた．この翼甲類に近いのが腔鱗類とよばれ，サメの楯鱗のような構造の鱗を被った無顎類で，カンブリア紀後期の地層から化石が見つかっている．いっぽう，頭甲と胸甲からなる頭甲類および骨板が背腹に規則正しく並んでいる欠甲類は時代的にはやや遅れて出現していることから，両者は翼甲類から進化したものと考えられている．しかし，これらの古生代に栄えた甲皮類はすべてデボン紀末には滅亡していることから，遅れて出現した有顎魚類にまたたく間にその地位をとって代わられたのだろう．現生のヤツメウナギの化石は古生代の石炭紀から知られているが，どの甲皮類から進化したのかは諸説ある．一般的には頭甲類から進化したと考えられている．

　無顎類はやがて有顎魚類に駆逐され，絶滅の道を歩んでいった．顎の獲得が脊椎動物の進化にとっていかに大きな出来事であったか推測できる．顎の形成については，無顎類の鰓を支える骨（鰓弓）のうちの1本が顎を支える骨（顎弓）に変化したとするのが一般の説である．しかし，最初の有顎魚類がどの仲間で，どの無顎類から進化したかについては定説がない．いずれも絶滅した板皮類や棘魚類が有力な候補であるが，人によって考え方が異なる．ここではNelson（1994）の説を採用して，最初の有顎魚類は板皮類と想定しよう．板皮類は，シルル紀末には化石として出現しているが，いちじるしい適応放散が進んだのはデボン紀である．デボン紀は別名「魚類の時代」と称されるように，あらゆる魚類の系統がこの時代に出そろった．中でも板皮類は多数の系統群に別れ，それまで栄えていた無顎類を駆逐して繁栄を遂げた．板皮類は頭甲と胴甲がちょうつがいでつながるという特徴をもっていた．棘魚類はその名のとおり，尾鰭以外のすべての鰭の前や胸鰭と腹鰭の間に棘状突起をもつことで特徴づけられる．しかし，この3つの魚類群はデボン紀を過ぎると軟骨魚類や硬骨魚類に急速にとって代わられた．

b．軟骨魚類の進化

軟骨魚類がどの化石群から進化したかについても諸説がある．一般的には板皮類から進化したものであろうと考えられている．シルル紀層からサメの楯鱗が化石として見つかっているから，その起源は4億年以上前ということになる．サメはデボン紀に放散して多数の種類を生み繁栄したが，古生代末にはこの類（クラドント型）のサメは滅び，中生代型のヒボータス型のサメが古生代末期から放散を開始した．古生代型の特徴である長い顎が短縮し，軟骨頭蓋との関節法も舌接法という1カ所で接する様式に変化した．現代型のサメ・エイの原型ができあがったのはジュラ紀と考えられ，この時期にサメからエイが進化したとされる．現生のサメ・エイ類の進化様式は，系統分類と密接に絡むので体系が異なると進化の図式も異なってくる．従来はラブカやカグラザメがもっとも原始的なところに位置し，さらにネコザメがつぎに原始的であるとされていた．しかし，現在はラブカやカグラザメ類はツノザメ類と近い位置に置かれ，むしろその出現時期は新しいとされている．最近の分岐分類学的な分類体系からいえば，ネコザメがまず原始的なサメに位置づけられ，テンジクザメ類，ネズミザメ類，さらにメジロザメ類（以上が先に見た最近の分類で定義されているネズミザメ上目）と進化した系譜と，ラブカを原始的とし，ツノザメ類，カスザメ類，ノコギリザメ類，さらにエイ類へと進化する別の系譜を想定している．しかし，板鰓類（サメ・エイ類）の分類体系や進化についてはまだ解決にほど遠い状態にある．

c．硬骨魚類の進化

硬骨魚類はむしろ軟骨魚類よりは古い歴史をもつ．少なくとも化石としては出現時期は軟骨魚類より古い．同様に，このグループの進化についてもまだ定まった評価は出ていない．一般的には古生代二畳紀に絶滅した棘魚類から進化したものと考えられている．分類の項で述べたように，硬骨魚類は肉鰭類と条鰭類に大別され，両者は別個に進化の道をたどったものと推測されるので，両者の進化も別個に取り扱う．

肉鰭類は肺魚類と総鰭類（シーラカンス類）に分かれるが，肺魚は古生代に出現してから，形態上は大きく変化したのに対し，総鰭類は形態上はほとんど変化していない．デボン紀に見られる肺魚と総鰭類は共通の祖先から発したことをうかがわせるような紡錘形の体型に2基の背鰭をもっていた．総鰭類はこのような

体型を現生種まで維持したのに対し，肺魚類はデボン紀末になると両背鰭がくっつき，さらに二畳紀になると背鰭と尾鰭が連続し，現生種と古代種との間にほとんど共通性は見られない．総鰭類は中生代の白亜紀末に絶滅したと考えられていたが，1938年南アフリカ沖合で現生のシーラカンスが発見され，生きている化石として話題になった．現在は150体を超える標本が採集され，その生息状況などが撮影されて生態も明らかになりつつある．両生類はデボン紀後期に肉鰭類の祖先形から進化したとすることには異議がないが，肺魚か総鰭類のどちらから進化したかについては議論が分かれる．陸上に進出するためには空気呼吸に不可欠な内鼻孔が存在しなければならないが，この内鼻孔の存在に対する考え方が肺魚説と総鰭類説とでは異なり，未だに決着がついていない．折衷案として，もともと両者は共通の祖先をもち形態的に類似していたから，いっぽうの祖先形から両生類が進化したのではなく，共通祖先から両生類が進化したと考える案もある．

条鰭類の中でもっとも原始的と考えるのがチョウザメの軟質類である．シルル紀後期から化石が出現するパレオニスクス類が条鰭類の進化の基幹であると考えられている．この類はとくに石炭紀から二畳紀にかけて繁栄した．現生種は三畳紀からジュラ紀にかけてパレオニスクス類から進化した．この軟質類から新鰭類が進化したとするのが通説であるが，中でもアミア目とセミオノータス目をあわせた全骨類と称されたグループは軟質類と新鰭類との中間的な形態をもち，新鰭類の中ではもっとも原始的なグループである．二畳紀後期に軟質類のパレオニスクス類から進化し，ジュラ紀から白亜紀にかけて繁栄した．

表3.6 真骨魚類の主な進化形質と方向性 (Nelson, 1994)

形　質	下等な真骨類	高等な真骨類
腹鰭の位置	腹位	胸位，喉位
肩帯と腰帯	隔離	接近
背鰭数	1基，時には脂鰭	2基が多い，脂鰭なし
腹鰭条数	6軟条以上	1棘5軟条
胸鰭の位置	低位	高位
棘状	なし	背鰭，胸鰭，腹鰭にあり
上顎の縁辺	前上顎骨と主上顎骨	前上顎骨(顎の伸出が可能)
鰾(うきぶくろ)と消化管	気道で連絡(有気管鰾)	連絡なし(無気管鰾)
尾鰭骨	複雑な骨格	減少，単純化
尾鰭条数	18～19条	17条以下
中烏口骨(肩帯)	あり	なし
眼窩蝶形骨	あり	なし
肉間骨	あり	なし
鱗	円鱗	櫛鱗

真骨類は現生の魚類の96％をしめる大きなグループである．三畳紀の中頃から化石が見つかっているが，ジュラ紀には初期の真骨類が繁栄し始め，白亜紀になると大適応放散を起こし，さまざまなグループへ分化していった．先に述べたように，真骨類ではオステオグロッスム類，カライワシ類，ニシン類の順で進化し，やがて正真骨類の誕生につながっていったものと推測される．正真骨類の中では骨鰾類やサケ類が原始的で，スズキ類がもっとも進化した形質をもつ．正真骨類の中で何が原始的あるいは進化的な形質と考えられるかを表3.6に示してみた．もちろん，進化していると考えられている魚類がすべて表に列挙した形質をもつわけでない．ここであげた形質はあくまで進化の目安と考えるべきものであり，絶対的な基準ではないことを強調しておく．

3.4 魚類の多様性

現生魚類の種類数は約2万5千種である．この数字は脊椎動物の種類数の半分以上を占めていて，種の多様性がいかに大きいかがわかる．魚類中ではもっとも多様性に富んだグループとしてスズキ目魚類があげられる．魚類は単に種類が多いというばかりではなく，その生息場所，形態，生態，さらに生理的にも変化に富んでおり，一口にはくくれない多様性を有する．なお，種類数の多い魚類の目別ベストテンを表3.7に示した．

a．生息場所の多様性

魚類はもとより水圏にその生息場所が限定される．しかし，陸上でも比較的短期間ならば生息可能な魚類もいる．たとえば，ウナギは皮膚呼吸をするため，ある池から隣の池まで移動可能である．また，肺魚は乾期には泥の繭を被り肺呼吸をして過酷な環境に耐え，やがてくる雨期まで夏眠をする．ムツゴロウやトビハ

表3.7 （分類単位）別にみた種類数の多いグループ（Nelson, 1994 より）

目	種類数	淡水産	淡水利用	目	種類数	淡水産	淡水利用
スズキ目	9,293	1,922	2,185	ウナギ目	738	6	26
コイ目	2,662	2,662	2,622	カレイ目	570	4	20
ナマズ目	2,405	2,280	2,287	タラ目	482	1	2
カラシン目	1,343	1,343	1,343	ガンギエイ目	456	24	28
カサゴ目	1,271	52	62				
メダカ目	807	794	805	総計	24,618	9,966	10,405

ゼは引潮時に愛嬌のある行動を示すし，キノボリウオはその名の通り水から離れて空気呼吸をすることができる．しかし，基本的には魚類は水中で生活するし，多くの魚類は鰓呼吸をするから空気中では窒息することになる．

魚類の生息場所をいろいろな角度から考察しよう．まず，緯度から見れば熱帯域はいうに及ばず，北極や南極の極域に生息する．とくに南極には氷の下の冷たい海水中でも（海水の氷点はマイナス 1.9 度）生活するノトセニア（*Notothenia*）類は，海水より低い体液濃度にも関わらず血液中に抗凍結物質である糖タンパク質をもつため凍結を免れている．さらに，これらの魚類はヘモグロビンを欠いたり激減させて凍結を防いでいる．このような魚類が 100 種ほど南極には生活している．逆に，高温に耐えぬく魚類もある．ティラピアの仲間には摂氏 44 度の高温の淡水でも生きられる魚類もいる．海岸の塩だまりで干潮時には 35 度にもなる海水中でハゼの仲間が平気で耐えていたりする．高度から見ると，世界でもっとも高いところに生活する魚類はチベットの 5,200 m の高所に生息する．反対に，もっとも深い淡水に生息する魚類がバイカル湖（1,000 m）で見つかっている．海では水深 7,000 m を超す深海からも魚類の生息が確認されている．ごく微量な塩分を含む淡水でしか生息できない魚類がいるかと思えば，海水の 3 倍もある高塩分濃度の鹹湖に生息する魚類もいる．一般に魚類の適応温度や塩分濃度の範囲は幅広く，それぞれ広温性（eurythermal），広塩性（euryhaline）とよばれている．また，淡水と海水を往来できる魚類も多く，サケのように産卵のために河川に回帰する遡河回遊，ウナギのように産卵のために海に下る降河（海）回遊，アユやボラのように産卵に関係なく両者を行き来する両側回遊などを行う魚類も多い．

b．形態の多様性

魚類の体型もきわめて多様である．この体型は遊泳や生活様式と密接に関連し，しばしば系統を反映することがあるので，分類形質として利用されることがある．魚類の体型は一般に紡錘形（マグロやサメなど），縦扁形（エイやコチのように上から押しつぶしたような形），側扁形（タイやアジのように両側から圧縮したような形），延長形（ウナギのように細長い形），球形（ダンゴウオのような丸い形）が基本的な体型で，これらの体型から変形した多種多様な形態がある（図 3.2）．遊泳法は体型と密接な関係にあり，延長形は体をくねらせて泳ぐ波動型，マグロのように尾鰭やその先の尾柄部だけを左右に振る振動型，箱フグのように鰭だけ

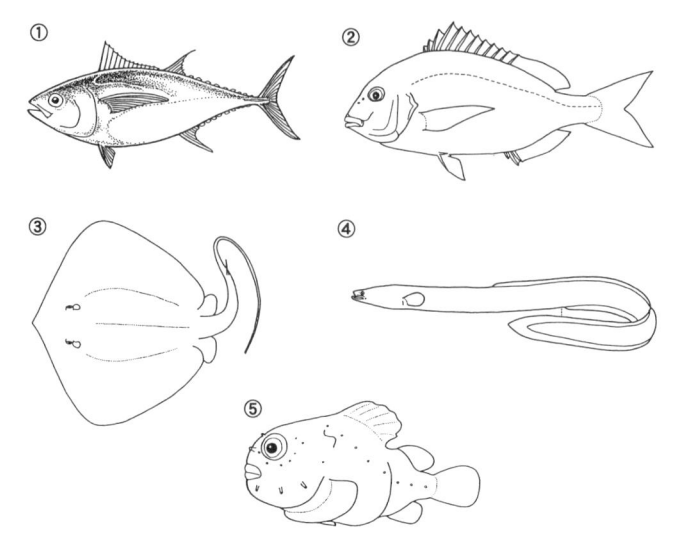

図 3.2 魚類の体型の多様性（『日本産魚類検索』，1993 より抜粋）
①紡錘形，②側扁形，③縦扁形，④延長形，⑤球形．

を動かす鰭推進型，これらを組み合わせた多くの中間型がある．鰭についても，背鰭が 3 基あるタラのような魚類がいるかと思えば，背鰭，臀鰭，腹鰭，胸鰭，あるいは尾鰭を欠くものがいる．その大きさもさまざまで，胸鰭の例でいえば，トビウオのような飛行に適した大きな鰭をもつものもいるし，オナガザメのように自分の体くらいの長い尾鰭をもつものもいる．また，ハゼのように腹鰭が吸盤状に変化して吸着に便利な器官に変化したり，コバンザメのように背鰭が吸盤に変形したものもいる．

体の大きさも多様である．世界で最小の魚類はインド洋に生息するハゼの仲間でわずか 8〜10 mm にしかならない．いっぽう，世界最大の巨魚はジンベイザメで，俗説では 20 m，科学的な記録では 12 m という大きなものがいる．淡水魚ではチョウザメの仲間が最大で 8 m に達するものがいるといわれる．なお，変態を行う魚類も多く，大なり小なり幼生と成体の形態が異なることが多い．とくにウナギ類の半透明な葉状の幼生，レプトケパルスや，ヤツメウナギのアンモシーテス幼生が有名である．

からだの色もさまざまである．熱帯魚のようにきらびやかな色合いで自分の存在を誇示したり，雌を引きつけるために鮮やかな色合いをもつ種類がいるかと思

えば，カレイのように海底の色彩に応じて体色を変化させ，自己を目立たせないようにする魚類もいる．敵に見つからないためにもあるいは餌生物に感知されにくくするために，保護色や隠蔽色をもつ魚類も多い．たとえば，水面の表層近くに生息する魚類は一般に背中側が青色または黒色で，腹側は銀色または白色であるものが多いが，これは上から見ると青い海と紛らわしい色彩であるし，下から見るときらきら光る水面と区別しにくいという性質がある．沿岸性で生息する魚類のうち，すばやく回転をする魚類は横縞の模様が多いし，高速で泳ぐ魚類は縦縞をもつものが多い．雄と雌で色彩の異なる魚類もある．たとえば，キュウセンというベラの仲間では，雄は青，雌は赤の体色をしている．

　このような性的二型を示す魚類も多い．たとえば，サメでは雄に交接器があるし，逆にコイ科の魚類の中には雌が長い産卵管をもち，貝に卵を産み付けたりする種類がいる．頭部の形が雌雄で異なるものもある．たとえば，マダイやブダイあるいはシイラのように雄の頭部がこぶ状に突出するものもあるし，サケのように雄の鼻先が鉤状に曲がるものもある．さらに，雌雄で鰭の形状や色彩が異なったり，発光器の配列が異なるものもある．タツノオトシゴでは雄に子供を育てるための保育のうがある．

c．生態の多様性

　まず繁殖法の多様性があげられる．多くの硬骨魚類の繁殖様式は卵生であり，体外受精を行うが，中には胎生のものもある．硬骨魚ではウミタナゴ，メバル，グッピーが代表的である．サメ・エイ類では繁殖様式は実に多様性に富んでいる．同じ卵生といっても体内受精を行うという点で硬骨魚のそれとは異なるし，また胎生も自己のもつ卵黄を栄養分とする卵黄型胎生(個室型と雑居型がある)，胎盤を形成し母胎から栄養補給を受ける胎盤型胎生，さらに母胎の卵巣からつぎつぎに落ちてくる卵を栄養とする卵食型胎生に分かれる．また子育てを行う魚類も多い．産卵場所を単にきれいにするものから，生まれた子供に危険が迫ると親が口内にかくまうティラピアやテンジクダイのような魚類，雄が保育のうを作って子供を保護するヨウジウオやタツノオトシゴ，巣作りをするトゲウオなどその保護の様式もさまざまである．中には口内保育をする他種の口の中に卵を産み付け，いわゆる託卵をするナマズの仲間もいる．

　性転換をする魚類も多い．性転換には3つの型があり，はじめは雄として機能

し雌に転換する雄性先熟（クロダイなど），雌から雄に転換する雌性先熟（ベラやハナダイの仲間），雌雄が同時に機能する同時成熟（深海魚など）がある．雄性先熟の場合，卵数は体長が大きくなると増加するという関係が一般に認められることから，小さいうちは雄として機能し，大きくなると性転換して大きな雌となって卵数を増やすことができるという利点がある．雌性先熟は，ハーレムを形成する魚類に多く，体の大きな雄がいなくなると体の一番大きな雌が雄に転換することが多い．同時成熟の場合は，雌雄の生息密度が低いときにも仲間と出合った時に雌雄を選ばず繁殖が可能という利点がある．

　食性もきわめて変化に富んでいる．草食性，肉食性，雑食性という常識的な区分はことさら説明するまでもないが，これらの採餌方法も実に多様である．たとえば，魚食性の場合，待ち伏せ型（隠れ家に潜んだりじっと動かずにいる），誘い型（背鰭の変化したルアーでおびき寄せる），ゆっくり遊泳型（突然全速力で襲いかかる），追いかけ型（追跡し捉える）などがある．他魚に寄生するヤツメウナギ，雄が同種の雌に寄生するチョウチンアンコウの仲間がいる．さらに，寄生の一種ともいえる他種の鱗や鰭を食いちぎる魚類もいる．プランクトンを常食とする魚類には鰓弓に鰓耙と呼ばれる食物ろ過器官が発達するし，肉食性魚類の歯は犬歯状やヤスリ状の鋭い歯をもつ．多くの魚類では成長に応じて餌生物を変化させる．

　沖合や外洋を泳ぐ魚類では群を作るものが多い．群の利点としては，敵に見つかる確率が小さくなること，敵に見つかったときに敵を攪乱させることができること，採餌が容易になること，回遊経路を容易に決められることなどがあげられる．いっぽう，単独で生活する魚類も多数知られている．とくに，アユのようななわばりを作る魚類は他個体を排除する．繁殖の際に他の雄を排除するなわばり行動もサケ類ではよく知られている．

　季節や生理状態に応じて生息場所を移動する魚類もいる．すでに産卵に関連した回遊については記述したが，これらの通し回遊以外にも海洋回遊や淡水回遊がある．大きな湖や河川では魚類の季節回遊が行われるが，日本の河川湖沼は小さいこともあり，琵琶湖以外での回遊はあまり知られていない．海洋回遊にはマイワシやサンマのように沿岸や沖合の表層域を回遊する種類，マダイやヒラメのように沿岸や沖合の底層域を回遊する種類，さらにクロマグロに代表されるように外洋を東西に何千キロも回遊する魚類がいる．　　　　　　　　　　〔谷内　透〕

参 考 文 献 (第2・3章)

赤木三郎ほか (1984). 無脊椎動物群の海—オルドビス紀・シルル紀, 共立出版.
Bond, C. E. (1996). Biology of Fishes, second edition. Sanders College Publishing.
コルバート・モラレス (1994). 新版脊椎動物の進化, 築地書館.
堀田　進ほか (1984). 魚類の時代—デボン紀, 共立出版.
神奈川県立博物館編 (1995). 新しい地球史　46億年の謎, 有隣堂.
Long, J. A. (1995). The Rize of Fishes, 500 million Years of Evolution, UNSW Press.
丸山茂徳 (1993). 46億年　地球は何をしてきたか, 岩波書店.
丸山茂徳・磯崎行雄 (1998). 生命と地球の歴史, 岩波書店.
モリスサイモン・コンウェイ (松井孝典監訳) (1997). カンブリア紀の怪物, 講談社.
森　亘ほか (1988). 東京大学公開講座47　進化, 東京大学出版会.
Moyle, P. B. and J. L. Cech. (1996). Fishes, an Introduction to Ichthyology, third edition, Prentice Hall.
中村　運 (1994). 生命進化40億年の風景, 化学同人.
Nelson, J. S. (1994). Fishes of the World, third edition. Johon Wiley & Sons Inc.
NHK取材班 (1994). 生命, 40億年はるかな旅　1 海からの創世, NHK出版.
NHK取材班(1994). 生命, 40億年はるかな旅　2 進化の不思議な大爆発　魚たちの上陸作戦, NHK出版.
Nielsen, C. (1995). Animal Evolution; Interelationships of the Living Phylum, Oxford.
谷内　透 (1995). 原始的な魚類, 遺伝, **49**：44-49.
谷内　透 (1997). サメの自然史, 東京大学出版会.
八杉龍一ほか編 (1996). 岩波生物学辞典　第4版, 岩波書店.
吉川弘之ほか (1995). 東京大学公開講座58　地球, 東京大学出版会.

4. 作物の多様性と進化

4.1 植物における染色体レベルの進化

　生物の進化は，核酸の塩基配列の進化だけでは語り尽くせない．遺伝子は細胞のなかで離ればなれに存在しているのではなく，染色体(chromosome)という連結した構造のうえに乗っている．染色体構造は生物の進化のごく初期から存在すると考えられているが，そもそも染色体という構造をなぜとるようになったのか，どのような進化上の利点があったのかについての議論はあまりなされていない．生物進化の過程で染色体の大きさ，数，形は変化し，またその変化は生物を変えてきた．かつては染色体レベルの進化の研究は，顕微鏡の下で染色体の核型や対合の仕方を細胞遺伝学的にしらべることが主な方法であったが，最近は分子生物学的技術の進歩によりDNAマーカーを利用して染色体構造を近縁の種属間で比較することにより，染色体上の構造の変化を解明できるようになった．ここでは植物，とくに被子植物を中心に染色体レベルの進化を述べる．被子植物は中生代白亜紀の初頭か，ジュラ紀の終わりに出現したとされているので，ここで対象となる進化年代は現在から約1億4千年前までであり，DNAレベルの進化の場合よりずっと短い．

a．染色体の大きさの進化

　1本当たりの染色体の大きさは植物の種間でいちじるしく異なり，表4.1に示す例でも最大のトリリウムの $145.1\,\mu m^3$ からセダムの一種の $0.5\,\mu m^3$ まで，290倍の幅がある（表4.1)．セダムの染色体は大腸菌の染色体に近いサイズである．同じ科の同じ染色体数をもつ属間でも20倍の違いが見られる．維管束植物は微生物，コケ類，藻類よりも一般に大きい染色体をもち，植物において染色体は大きくなる方向へ進化してきたといえる．しかし，維管束植物の中では，このことは成り立たず，たとえば進化したアブラナ科の *Arabidopsis* やイネ科の *Panicum* は原始的な属の *Psilotum*, *Tmesipteris* などよりも染色体が小さい．染色体の大きさ

表4.1 被子植物における染色体の大きさ

種	染色体数($2n$)	染色体体積(μm^3)
トリリウム	10	145.1
ムラサキツユクサ	12	69.4
ユリ	24	69.2
ソラマメ	12	42.5
タマネギ	16	38.2
ハプロパプス	4	25.0
オオムギ	14	18.8
エンドウ	14	15.1
トウモロコシ	20	11.5
トマト	24	7.4
ニンジン	18	5.8
イネ	24	3.2
アラビドプシス	10	1.9
ヤダムの一種	136	0.5
(比較のため)		
大腸菌	1	0.3004
タバコモザイクウイルス	1	0.0000151

注) 体細胞の中間期細胞の核体積を染色体数($2n$)で割ってもとめたもの．

の変化はDNA量の進化すなわちDNA塩基配列長の進化に伴っている．

b．染色体数の進化

植物の染色体数については，古くから大規模な文献調査（Darlington and Wiley, 1945）が行われており，その数は累積10万種を超え，現在もデータベースが更新されている．染色体数についても植物の種間でいちじるしい変異がある．もっとも少ない種は，$2n=4$の染色体をもつ *Haplopappus gracilis*, *Brachycome lineariloba*, *Zingeria biebersteiniana* などである．反対に最も多い種には，シダ植物では$2n=1260$の *Ophioglossum reticulum*，顕花植物では約80倍性で染色体数（$2n$）が640本の *Sedum suaveolens* がある．われわれの生活に関連の深い園芸植物や作物だけに限って，体細胞のもつ染色体数は10（ボタン，シャクヤク）から100以上（ナガイモ，サトウキビ，スイレンなど）までの幅がある．いっぱんに双子葉植物でも単子葉植物でも，染色体数が14から24の種が多い．染色体の数の進化は，主に倍数化によって行われた．

c．ゲノム

生物が生活機能の調和を保つために必要な最小の染色体のセットをゲノム

(genome)という．ゲノムという語は現在は配偶子に含まれる染色体または遺伝子の全体をさして使われることが多いが，これが木原均により1929年頃提唱された原義である．配偶子の染色体構成が形態的にも生理的にもそれ以上グループ分けできないとき，その染色体数を基本数といい x で表す．配偶子の染色体を n，体細胞の染色体数を $2n$ で表し，$2n=2x, 3x, 4x, \cdots$ である生物を二倍体，三倍体，四倍体，…という．$3x$ 以上が倍数体(polyploid)である．未知のゲノムをもつ2つの種を交配したとき，その雑種の減数分裂において対応する染色体どうしがすべて対合(pair)するとき，ゲノムが互いに同じであるという．1対以上の染色体が対合しないときはゲノムが異なるとする．

染色体数が基本数の整数倍でなく，$2x+1$ や $2x-1$ になった生物が生じることがある．これらを異数体(aneuploid)という．異数体はふつう稔性や生活力がいちじるしく低く，進化的に重要ではない．

d．染色体の倍加

減数分裂において，第一分裂中期における染色体の減数の失敗や，第二分裂での異常により通常の2倍の染色体数をもつ配偶子（非還元配偶子 unreduced gamete）が生じることがある．自然における倍数体の生起は主につぎの過程をとる．非還元の配偶子とくに卵 ($2x$) に通常の花粉 (x) が受精して三倍体 ($3x$) が生じる．さらにその三倍体の植物において非還元の卵 ($3x$) が生じ，それが通常の花粉と接合して四倍体 ($4x$) ができる(DeWet, 1980)．体細胞分裂時においても，姉妹染色体が分離したにもかかわらず細胞が分裂しないと，倍数性の細胞が生まれる．このような倍数化が芽の成長点に起こり，やがて配偶子に伝えられれば，やはり倍数体が生まれる．しかし，その頻度は非還元配偶子の場合より少ない．

e．同質倍数体と異質倍数体

同じゲノムが倍加して生じた倍数体を同質倍数体(autopolyploid)，異なるゲノムを含む倍数体を異質倍数体（allopolyploid）という（図4.1）．同質倍数体は非還元配偶子に同種の個体の花粉が交雑して生じる．たとえば AA ゲノムをもつ二倍体から同質四倍体が生じると，そのゲノムは $AAAA$ となる．通常の二倍体では，減数分裂期に2本の相同な染色体が対合して二価染色体を形成する（図4.2）

4.1 植物における染色体レベルの進化　51

2倍体　AA
$2n=2x=4$

2倍体　BB
$2n=2x=4$

同質4倍体　AAAA
$2n=4x=8$

異質4倍体　AABB
$2n=4x=8$

図 4.1　同質倍数体と異質倍数体

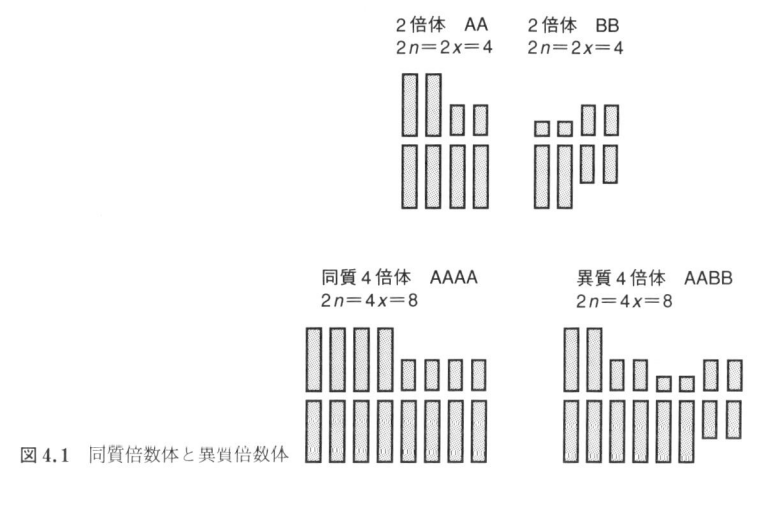

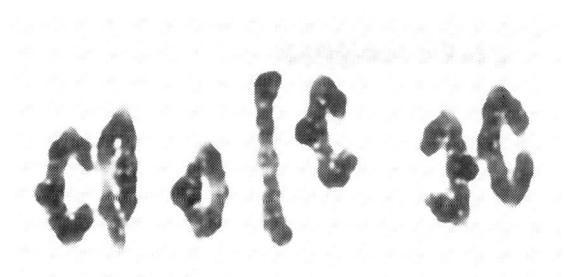

図 4.2　オオムギにおける7つの二価染色体（$2n=2x=14$）

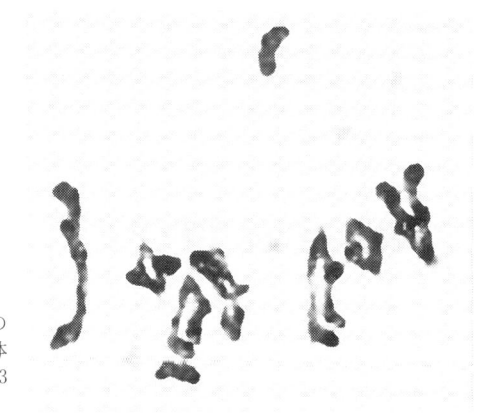

図 4.3　オオムギ三倍体における5つの三価染色体，2つの二価染色体および2つの一価染色体（$2n=3x=21$）

のに対して，同質倍数体では3本以上の染色体が対合した多価染色体が生じる．すなわち同質三倍体では3本の染色体が対合した三価染色体（図4.3）が，同質四倍体では四価染色体が生じる．多価染色体は減数分裂において両極へ規則的に分かれずゲノムに過不足が生じることが多い．たとえば $AAAA$ ゲノムをもつ同質四倍体では，A ゲノムの染色体のセットが2つずつそのまま極へ移行するとはかぎらず，染色体数に過不足が生じる．そのため同質倍数体の配偶子では遺伝的な不均等が生じ，稔性が低下する．稔性以外にも同質倍数体はもとの二倍体にくらべて異なる点が多い．細胞レベルでは，細胞容積が大きくなり，細胞分裂周期が長くなる．その結果，植物体の器官や組織が巨大化する．茎は太く，葉は厚く，気孔，花粉，種子は大きくなる．いっぽう細胞分裂の遅延は，成育遅延や晩生化をもたらす．

　異質倍数体は，比較的遠縁の種間で上述のような非還元配偶子を通した過程が行われることによって生じる．ゲノム AA をもつ2倍性種と BB をもつ2倍性種が交雑すると AB ゲノムをもつ雑種ができる．遠縁の親間の雑種では，雑種第一代の減数分裂期で，両親から由来した染色体の間で対合が起こらず，相手のない一価染色体が多数できる．一価染色体は極への移行が正常に行われないことが多く，また移行しても各染色体がどちらの極へいくかは偶然的であり，ゲノムのセットがこわれてしまう．その結果ほとんど完全不稔となり，そのままでは雑種の子孫が形成されない．しかし四倍体になるとゲノム構成は $AABB$ となり，減数分裂期に A ゲノムと A ゲノム，B ゲノムと B ゲノムが対合し，二価染色体をもつことになる．その結果，二価染色体の極への移行は通常の二倍体と同じように行われ，AB ゲノムをもち稔性がほとんど正常な配偶子が得られる．異質倍数体は，両親のゲノムをそのままとり込んだ新しい種といえる．

　なお比較的近縁の種間の交雑と染色体倍加に由来する倍数体は，同質倍数性と異質倍数性の中間的な性質をもち，部分異質倍数体（segmental polyploid）とよばれる．これは減数分裂期に二価染色体と多価染色体の混在した細胞を生じ，稔性も正常でないが，その後の淘汰によって遺伝的に安定した倍性種に進化してゆく．自然では，典型的な同質または異質倍数体は少なく，多くは部分異質倍数体である．

f．植物における倍数性の進化

　植物の進化に特徴的なことは，染色体の倍数化が頻繁に生じ，もとの二倍体と生殖的に隔離され，新しい属や種が形成されてきたことである(Stebbins, 1950)．地理的または生態学的隔離による種の分化をゆるやかな種分化とすれば，倍数化は急激な種分化といえる．染色体数の倍加(倍数化)は，植物進化におけるDNA量増加のひとつの大きな要因ともなった．動物においても性染色体が未分化であった進化の初期には倍数化が進んだ．しかし，哺乳類，鳥類，爬虫類などでは性の分化が生じた結果，倍数性が性決定の機構を乱すため進化の要因から外されたと考えられる．なお性染色体の分化が明瞭でない魚類や両生類では現在でも倍数体が存在する．

　植物では倍数性種がきわめて普遍的である．シダ植物では95％が倍数性である．倍数体の判定はかつては減数分裂期における染色体の対合様式によっていたが，最近はDNAマーカー利用の連鎖地図，GISH法などの染色体技術（Leitch and Bennett, 1997），化石植物における気孔の孔辺細胞の調査(Masterson, 1994)などによる新しい方法が可能となった．その結果によれば顕花植物では $x=7-9$ が古代種の基本数で，基本数がそれを超える種は，進化の過程でかつて倍数化を経たと考えられる．それを考慮すると顕花植物では80％までが倍数性と推定される．草本性植物では，一年性種より永年性種に，他殖性種よりも自殖性種や栄養繁殖性種に倍数体が多い(Stebbins, 1971)．なお裸子植物では倍数性種が少ない．自然における倍数性種の9割以上は異質倍数体とくに部分異質倍数体で，同質倍数体は少ない．これは後者が，稔性が低いため増殖上不利であることによる．倍数性になった種がふたたび半数化して元の二倍種にもどることもあるが，進化における倍数化はほとんど非可逆的過程である．なお，同質倍数体では重複したゲノム間で遺伝的分化が進み，染色体数が倍加したまま二倍性化していくことが多い．

　倍数性種の起源は新旧さまざまである．*Achlys triphylla* や *Galax aphylla* の倍数性は6,000万年前までにすでに存在していた．また倍数性が異なるいくつもの近縁種からなる系列を倍数体複合というが，多くの倍数体複合は新生代第三紀の最新世から鮮新世（50～1000万年前）の間に生じた．いっぽう，約1万年前の農耕発祥以降に生まれたパンコムギのようにごく新しい倍数性種もある．倍数性の個体が生まれても，それがそのまま自然の生態系のなかで自らの成育場所（habitat)を確立していくわけではない．遺伝子が重複していて有害な突然変異や染色体変異があってもただちに淘汰されずにすむこと，重複した遺伝子がその後分化して新しい変異を生むこと，二倍体ではヘテロであった遺伝子座が倍数化で固定されること，自殖を続けても二倍体ほど活力が弱まらないことなど，倍数体は二倍体に対し自然選択上で有利な点が多い．いっぽう倍数体には稔性や生活力の低下が見られることが多い．もとの二倍性種との競合に負け，新生した倍数体のほとんどは一代で絶える．しかし，第四紀最新世における氷河後退の時代のように，大規模な環境の変動や攪乱によって侵入できる広大な地が得られた場合には，倍数性種は新種として成育領域をひろげることに成功する．倍数化は，植物進化において科や目のような大きな分類単位を新しく形成するほどの原動力にはならなかったが，科より低位の種や属レベルの分化には大きく役立った．

g．相互転座

顕微鏡下で観察できるくらい大きな染色体部分の構造に変異が生じる場合がある．そのような構造変異には，転座，逆位，欠失，重複がある．これらの意味はDNA塩基配列の場合と同様である．進化上とくに重要な構造変異は，相同でない染色体間で染色体部分が相互に交換される相互転座（reciprocal translocation）である．相互転座を生じても，遺伝子の連鎖関係が変わるだけで欠失や重複が起こるわけではない．相互転座染色体をホモにもつ個体では稔性も正常となる．いっぽう相互転座ホモの個体と正常な個体が交雑してできる転座ヘテロ個体では，減数分裂で多価染色体が生じ，稔性が50％前後に下がる．転座の個所が複数あれば，その数に応じて稔性はさらに低下する．このことから相互転座は種の分化を促す要因になる．転座の発生率はDrosophilaでは配偶子当たり世代当たり10^{-3}から10^{-4}とされる．実際に相互転座による種の分化の例は，Avena属の二倍性種やSecale属など多数みられる．

4.2 作物の起源

栽培植物（作物）は人間社会の変遷とともに進化してきた．作物の進化は農耕の起源によって始まる．農耕の起源は億年単位の生物の歴史にくらべ，また500万年前とされる人類の起源にくらべても，きわめて短く，約1万年前の洪積世の終わりに遡れるにすぎない．農業はゆっくりと世界の数カ所で始まった．Hawkes

(1983)は，中国北部，近東，メキシコ南部，ペルー中部および南部の4地域を農業の発祥地としている．農業の発祥地は文明の発祥地でもある．農作物の豊かな収穫があってはじめて文明が興ったといえる．アフリカ，東南アジアなどこれら発祥地以外の地域でもほとんど同じ時期に農業がはじまったと考えられる．ただし，オーストラリア，アルゼンチン，アフリカ南部，北アメリカ西海岸など農耕が遅くまでみられなかった地域もある．

地球上のどの地域で野生の植物から栽培植物に転じたかは，作物によって異なる．伝播した地域が狭い場合や，起源が新しい作物では起源地がたやすく決められる．しかし栽培化されるまえに野生種が広い地域に伝播したため起源地が特定できない作物も少なくない．作物には旧大陸起源だけでなく，中央アメリカおよびアンデスを中心とする新大陸起源の作物があることをはじめて指摘したのはDeCandle (1883) である．トウモロコシ，タバコ，キャッサバ，ジャガイモ，サツマイモ，ラッカセイ，ワタ，マメ類，ウリ，トマト，トウガラシ，メロンなど

DNA多型とゲノムレベルの進化の解明

特定の塩基配列を切断する制限酵素を用いてDNAを切断すると，同じ生物種でも個体により異なる長さのDNA断片が得られることがある．これをDNA多型（DNA polymorphism）という．DNA多型は，通常の遺伝子と同じようにメンデル遺伝をするので，それを利用して，遺伝子の連鎖地図を作成できる．形態形質や生理形質などの遺伝子と違って，ひじょうに多数の多型が利用できることと，環境の影響を受けないので判定精度が高いこと，実験室内で季節に関係なく年間をとおして解析できること，などから比較的短年月で詳細な地図が作成できる．連鎖地図は遺伝子の染色体上の相対的位置を示してくれるので，遺伝研究に多くの利用場面がある．またこれを利用して，環境の影響を受けやすく，かつ関与する遺伝子座が多いため遺伝解析が困難であった量的形質の遺伝子座（quantitative trait locus, 略してQTL）についても遺伝子座の位置や遺伝効果を推定できるようになり，作物や家畜の改良に役立っている．また連鎖地図を近縁種間で比較することにより，染色体レベルの進化過程の知見が得られる．たとえば，トウモロコシはふつう二倍体として扱われるが実際には異質倍数体であることが確認された．また，パンコムギ，オオムギ，エンバク，イネ，トウモロコシ，ソルガム，サトウキビ，アワなど広範囲なイネ科作物の間で，祖先を同じくする染色体の対応関係が確定された．それにより，染色体は構造的な変異を含みながらも全体的には進化においてよく保存されてきたことが分子レベルで見いだされた (Devos and Gale, 1997)．

表 4.2 作物が順化した地域

アフリカ	中近東	中国等東アジア	東南アジアと太平洋諸島	中央アメリカ	南アメリカ
ソルガム	オオムギ	イネ	ハトムギ	トウモロコシ	アマランサス
トウジンビエ	ヒトツブコムギ	キビ	イネ	アマランサス	キノア
シコクビエ	エンマコムギ	アワ	コンニャク	ナタマメ	ラッカセイ
アフリカンライス	パンコムギ	ソバ	タロイモ	インゲンマメ	ルピナス
フォニオ	エンドウ	ダイズ	ライム	サツマイモ	ライマメ
テフ	ヒラマメ	アズキ	ダイダイ	キャッサバ	インゲンマメ
ササゲ	アマ	カラシナ	グレープフルーツ	ヒマワリ	ヤムイモ
フジマメ	ベニバナ	コンニャク	スイートオレンジ	ワタ	キャッサバ
ヤムイモ類	ケシ	アスパラガス	レモン	パイナップル	ジャガイモ
アブラヤシ	ナツメヤシ	カブ類	パンノキ	パパイヤ	ワタ
ヒマ	ザクロ	ハス	バナナ	サボテン	パイナップル
オクラ	アーモンド	ダイコン	マンゴ	アボガド	パパイヤ
スイカ	ピスタチオ	クワイ	ドリアン	グアバ	サボテン
ナス類	チェリー	アサ	ナス	トウガラシ	アボガド
コーヒー	プラム	朝鮮ニンジン	ヤシ	カボチャ	グアバ
コーラ	タマネギ	ゴボウ	マニラアサ	ペポーカボチャ	トウガラシ
	リーキ	チャ	サトウキビ	トマト	クリカボチャ
		ウルシ		陸地棉	海島棉
		カキ		カカオ	タバコ
		ビワ		ヒョウタン	ヒョウタン
		モモ		ユウガオ	ユウガオ

(Harlan, 1984 より抜粋)

が新大陸起源である．アメリカ大陸にヨーロッパ人が侵入する以前から，インディアンたちは優秀な農業を営んでいた．インディアンが栽培していた作物の種類は豊富で，現在アメリカで栽培されている作物の3割以上におよぶ．Vavilov (1926)は作物には古代からの主要作物である一次作物と，一次作物の畑における雑草から進化した二次作物とがあることを示した．一次作物にはコムギ，オオムギ，イネ，ダイズ，アマ，ワタなどが属し，二次作物にはライムギ，エンバク，ダッタンソバ，ナタネ，ニンジン，トマト，クローバ，ライグラスなどがある．ライムギ，エンバクはコムギやオオムギ畑の，ナタネやライグラスはアマ畑の，ニンジンはブドウ園の雑草であった．ライムギは耐寒性，耐酸性，吸肥性にすぐれていて，アフガニスタンの高地やヨーロッパの高緯度地帯ではコムギより高収になり，雑草から作物に格上げされた．

植物や動物の野生種を人間の管理下におくことを順化(domestication)という．順化の程度は作物によっていちじるしく異なる．近代育種の技術を駆使して改良されたテンサイのような作物から，熱帯果樹の多くのように野生とほとんど違わ

ない作物まである．野生植物が順化する過程で，形態的には器官の巨大化（トウモロコシ，リンゴ，ブドウ，トマト，カボチャ，ダイコン），種子散布器官の喪失（イネの芒），生理的には，早生化（ジャガイモ），発芽斉一性（イネ），生態的には他殖性から自殖性化（イネ），または栄養繁殖性化（イチジク，ブドウ）などさまざまな変化をうけた．Harlan（1984）は作物の起源地を正確に指摘することはむずかしいとし，起源ではなく順化された地域別に作物をまとめた表を提示している（表4.2）．

4.3 作物の伝播と進化

a．作物の伝播

作物はそれぞれの起源地から世界の各地へ伝播し普及した．古代民族の移動，ローマ帝国の勢力拡大は西アジア起源の作物をヨーロッパにもたらした．またペルシャ帝国の興隆により，シルクロードなどを通して西方の作物が中国，インドに，また中国の作物が西方に伝えられた．コロンブスのアメリカ到達は新大陸起源の作物が旧大陸に伝播する大きな契機となった．彼によりトウモロコシ，タバコ，キャッサバが，またスペインの南アメリカ侵入によりアンデス起源のジャガイモ，トマトがヨーロッパに導入された．奴隷貿易はアフリカのソルガムをアメリカに，アメリカのトウモロコシをアフリカにもたらした．伝播にともなう栽培環境の変化と新しい形質の人為的選抜により，作物はさまざまな遺伝的な変化を受け進化した．伝播の経路と進化の歴史はそれぞれの作物に固有であり，一般的な記述はむずかしい．ここでは進化的に，細胞遺伝学的に，また文化史的にもっとも興味ある作物として，パンの材料であるコムギ（以下とくにパンコムギという）をとりあげ，その進化について述べる．

b．コムギの進化

パンコムギは現在世界の生産高が3億5,000万tを超え，作物中1位を占めている．また2万5千以上の品種があり，ノルウェーの北緯67度からアルゼンチンの南緯45度までの広い地域の温帯と熱帯・亜熱帯の高地に栽培されている．

1,500万年前の第三期後期の中新世から1,000万年前の鮮新世に，コムギ，ライムギ，オオムギを含め25の属の遠い祖先である二倍性のコムギ族が西アジアで分化した．やがてそこからオオムギや多年性のAgropyron, Elymusなど4属を含む

群が分かれていった．さらに約100万年前の第四紀に，夏は温暖乾燥，冬は冷涼湿潤という地中海気候の形成に伴い，地中海から中央アジアの地域で，コムギ，ライムギ，その他のおもに一年生の属の祖先が分化した（阪本，1978）．

コムギ属には二倍性の4種，四倍性の11種，六倍性の7種が知られている（Miller, 1987）．そのなかでコムギの進化の舞台にまず登場したのは，二倍性の栽培種ヒトツブコムギ（*Triticum monococcum*）である．この種は野生ヒトツブコムギ（*T. boeoticum* spp. *Aegilopoides*）に由来し，トルコ南東部で栽培化が進んだ．ヒトツブコムギは穂軸が野生種よりやや折れにくく，痩せ地や寒さの厳しい気候に耐えるので，小アジアではオオムギと一緒に広く栽培された．細胞遺伝学的には，他の二倍性種と同じゲノム（AA）をもち染色体数は$2n=14$である．なおAゲノムはコムギ属すべての種に共通して含まれる．

つぎに登場するのは，栽培エンメルコムギ（*T. dicoccum*）である．これは野生のエンメルコムギ *T. dicoccoides* から由来する．この野生種は，AAゲノムをもつ二倍性の野生種 *T. urart* ともう1つの二倍性種との交雑およびそれにつぐ倍数化によって生まれた．葉緑体DNAの *rbcL* 遺伝子の塩基配列の解析では，四倍体コムギの起源はふるく数十万年前といわれる（荻原ほか，1991）．場所は「肥沃な三日月地帯」とよばれるイラクのザグロス山岳地帯である．後者の二倍性種が何かは確説はないが，AAとは異なるゲノム（BB）をもつ．穂軸が折れにくい性質などの野生型から栽培型への移行は，ヨルダンの各地で並行的に，またヒトツブコムギとほぼ同時代に起こった．栽培エンメルコムギは紀元前8000年には確立し，ヒトツブコムギより高い収量をもつので，急速に普及した．エンメルコムギは，オオムギ，ヒトツブコムギとともに新石器時代の古代社会の主要な穀物であった．その後しだいにチグリス・ユーフラテス川流域にひろがり，その合流点に栄えたシュメール文明やバビロン王朝文化の食を支えた．紀元前5500年ごろにはカスピ海南岸に，紀元前4500年前までにはエジプトに達した．紀元前2000年ころのテーベ近くの墓には，エンメルコムギを刈っている農夫の姿が描かれている．西暦300年ころに同じ四倍性で脱穀しやすく成熟しても穂軸が折れないマカロニコムギ（*T. durum*）が出現するまで，エンメルコムギは地中海沿岸，アフリカ，アジアの主要作物であった．栽培エンメルコムギは$AABB$ゲノムをもつ四倍体（$2n=28$）である．

パンコムギ（*T. aestivum*）は，畑で栽培されているエンメルコムギに，二倍性

で DD ゲノムをもつタルホコムギ (*Aegilops squarrosa*) という雑草の花粉がかかって自然交雑し，つづいて非還元配偶子の受精による倍数化がおきて誕生した．タルホコムギはトランスコーカサスから中東にかけてコムギ畑に広く分布していた．パンコムギには野生型がなく，畑で生まれて最初から作物として扱われたと考えられる．畑以外のところで生まれたら見逃されたであろう．今のパンコムギにみられる脱穀しやすい性質，粒が密に付く短い穂形，丸い粒形はその後突然変異として付与された．パンコムギは，紀元前 7000 年ごろに生まれ，紀元前 5000 年から 4000 年ごろには西南アジア，小アジアをへて，ヨーロッパのドナウ川とライン川流域に達した．紀元前 2700 年ごろの第四王朝ダハシュールのピラミッドのレンガのなかに穀粒が発見されている．旧約聖書の創世紀ヤコブの時代にはすでにメソポタミアの主穀であった．パンコムギは $AABBDD$ ゲノムをもつ六倍体 ($2n=42$) である（図 4.4）．

以上のようにパンコムギはコムギ族の 3 つの二倍性祖先種がもつゲノム A, B, D をうけついでいる．これらのゲノムは異なる名称がつけられているが，実際には大きな違いがないので，祖先種の間での自然の交雑がくり返し行われたのであろう．それぞれのゲノムには 1 番から 7 番までの染色体が 2 本ずつ含まれる．ゲノムが違って番号が同じ染色体は遠い祖先の同じ染色体に由来するので，同祖 (homeologous) 染色体とよばれ，互いに遺伝的内容が似ている．これを遺伝的重複という．この重複のおかげで，たとえば，A ゲノムの 1 番めの染色体 (1A) が 2 本とも欠けた個体でも生存可能である．また，有害な劣性突然変異や染色体変

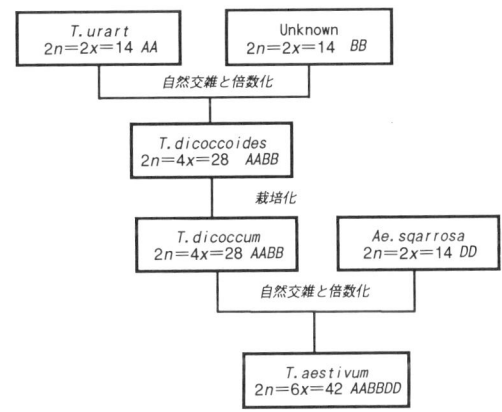

図 4.4　パンコムギの進化過程

異が自然に生じても，それに耐えることができた．

　A, B, D ゲノムがこれほど似ていれば，通常は減数分裂期に多価染色体が形成され，稔性が低くなるはずである．しかし，パンコムギにはそれを防ぐ機構がある．それは B ゲノムの5番め（$5B$）の染色体にある Ph という遺伝子の働きである．この遺伝子により，対合が相同染色体間でのみ生じ，同祖染色体間では妨げられるので，厳密に二価染色体だけが生じる．これにより，エンメルコムギもパンコムギも倍数体でありながら二価染色体を形成し，高い稔性をもつことができた．

　パンコムギにとり込まれた A, B, D の3ゲノムはそれぞれがパンコムギを世界の主穀にするのに役立つ形質をもっていた．A ゲノムは耐寒性と広い適応性を，B ゲノムは耐旱性と高い生産力をもたらした．D ゲノムは製パン性という本質的な寄与をした．ヒトツブコムギやエンメルコムギには，良質のグルテンが少なく酵母を作用させてもふっくらとしたパンにはならない．タルホコムギと二粒系コムギの自然交雑は多くの畑で何回となくおこなわれ，タルホコムギの豊富な変異をとり込んださまざまなパンコムギが生まれた．そして温暖な地中海気候に適した四倍性コムギに，中央アジアの乾燥と寒冷に適した性質がつけ加わり，パンコムギが世界の広い地域に適応することになった．　　　　　　　　　〔鵜飼保雄〕

参 考 文 献

Darlington, C. D. et al. (1955). Chromosome Atlas. George Allen & Unwin Ltd.
Devos, K. M. et al. (1997), *Plant Molecular Genetics,* **35,** 3-15.
DeWet, J. M. J. (1980). Polyploidy-Biological Relevance. (ed. by W. H. Lewis.), pp. 3-15, Plenum.
Harlan, J. R. (1981). Crop Evolution. Lecture Note at Nagoya Univ.
Leitch, I. L. et al. (1997). *Trends in Plant Science,* **2,** 470-476.
Masterson, J. (1994). *Science,* **264,** 421-424.
Miller, T. E. (1987). Wheat Breeding. (ed. by Lupton, F. G. H.), pp. 1-30. Chapman and Hall.
Ogihara, Y. et al. (1991). *Genetics,* **129,** 873-884.
阪本寧男（1978）．育種学最近の進歩14，1-14，啓学出版．
Stebbins, G. L. (1950). Variation and Evolution in Plants. Columbia Univ. Press.
Stebbins, G. L. (1971). Chromosomal Evolution in Higher Plants. Edward Arnold Ltd.
ヴァヴィロフ，N.（1926）．栽培植物の発祥中心地（中村英司訳），八坂書房．

5. 昆虫の多様性と進化

5.1 昆虫と人間

　昆虫ほどよきにつけあしきにつけ人間と関わりの深い動物群はないのではないか．最近の大学生に尋ねると，かつてのように幼少時代に昆虫を採集したり飼育した経験をもつ人は激減したにもかかわらず昆虫には興味があると答える人は意外に多い．昆虫と人間との関わりが深い理由をいくつかあげておこう．

a．膨大な種数と個体数

　第1には昆虫の種類数が文字どおりけたはずれに多いことである．これだけをもってしても生物の多様性を語るのに昆虫はうってつけといえる．昆虫は普通の分類体系では節足動物「門」のなかの1「綱」にすぎないのだが，そこに含まれる登録種数は原生動物から人間までを含む全動物の種数のうちおよそ70％を占める．その実数は容易に把握できないが80万から100万というのが妥当な数字であろう．しかし，新たに発見される種が毎年かなりの数にのぼるうえ，すでに存在が知られていながら新種の記載が間に合わないために学界に未登録の種が相当数あるから，実際には少なく見積もっても10倍，つまり1,000万種にはなるだろう．さらに驚くことは，これまで生態系がよく知られていなかった熱帯雨林の樹冠には未知の昆虫がうようよ生息しているらしいことで，それを含めれば昆虫の種数は一挙に2,000万から5,000万に増えるかもわからないという．

b．パフォーマンス

　第2には，昆虫が小型ではあるが，ほとんどが肉眼で容易に観察できるサイズであるうえ，形態がきわめて多様であり，色彩や斑紋が優美なものが多いこと．また多くは活動的で目立ちやすい．さらに，昆虫にはセミやキリギリスのように発音するもの，ホタルのようにみずから発光するものも一部にいる．要は注目されやすい形態的および行動的特徴を合わせもっているということである．

c．生息空間

　第3には昆虫の生息範囲がほぼ完全に陸地および陸水（川，湖沼）に限られているので（ほんのわずかな昆虫が海岸線付近の海水中にも生息するほか，例外的にウミアメンボの一部の数種が外洋にもいる），大幅に人間の生活空間とオーバーラップしていることである．分布は熱帯から寒帯，海岸からヒマラヤの高山に広がっており，草地，森林，裸地，河川，湖沼などおよそあらゆる環境にそれぞれに適応した昆虫が見られる．極地（ただし陸地のある南極），氷河，砂漠，温泉，洞窟などの極端な環境にもそれらに適応した特徴をもつ特殊な種が少なからず知られているし，人間の生活・生産環境に適応した結果，すっかり人間に依存してしまった一部のゴキブリのような昆虫さえも存在する．要するに，人間の活動範囲のほとんどに多くの昆虫が共存している．

d．害虫と益虫

　第4には人間と利害関係にある種が少なくないこと．一部の昆虫は人間の食物を奪い取ったり，人間や家畜から吸血したりする．さらには，人間や家畜，農作物の病原微生物を媒介するものも多い．これらは一括して「害虫」と称され，人間にとっては先史時代から大いに悩まされてきた厄介者である．一方で害虫より数は少ないものの益虫もいる．カイコガやミツバチのような生産物の利用のほか，昆虫自体を食料とする，天敵昆虫を利用して害虫を抑制する，愛玩・観賞用とする，バイオ技術を駆使して昆虫独自の巧妙な機能を利用する，など益虫にもさまざまな利用法がある．

5.2　昆虫の生物学的特徴と多様化の要因

a．形　　態

1）外骨格と体節構造

　昆虫の形態は節足動物門の特徴である外骨格と体節構造を基本とする．成虫では体節の規則的な融合による，頭，胸，腹の明瞭な区分とともに，これらへの機能の分散が明確になる（図5.1）．

　頭部には1対の複眼と触角，それと口器がある．外部からの情報の受容と摂食という生存に不可欠な重要な機能をもつ部分である．

　胸部は3節からなり，各節に1対の脚がある．大部分の昆虫は後の2節に1対

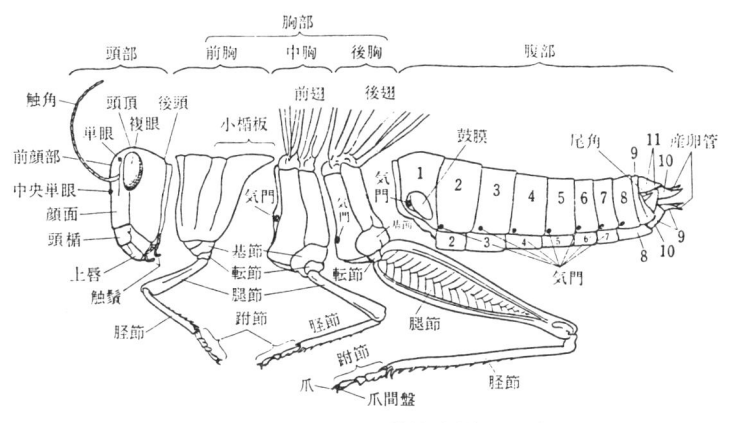

図5.1 昆虫の基本的な体制（平嶋，1986）

ずつの翅（はね）をもち，昆虫を特徴づける活発な行動をつかさどる．無脊椎動物で翅をもつものは昆虫だけであり，現在繁栄している昆虫はみな翅をもったグループである．翅の獲得は昆虫の活動空間を2次元から3次元に広げ，移動力を格段に高めた点でその後の昆虫の発展に対する寄与ははかりしれぬほど大きい．

腹部は主な臓器である消化管，生殖巣(卵巣または精巣)，脂肪体を収容するとともにその末端部には外部生殖器（交尾器）が開口する．

外骨格を形づくるクチクラは含窒素多糖類であるキチンと硬タンパクを主成分とする薄くて丈夫な層状構造をなし，内部を衝撃や有害物質，病原微生物などから保護する．また，クチクラの表層はワックス成分によって水分の出入りを抑えている．このことは小型であるために相対的に表面積が大きく，体内水分を失いやすい昆虫が陸上で繁栄できた大きな要因と考えられる．外骨格構造は工学的にみるとひずみやねじれに強いため昆虫の敏捷な行動を保証する一方，大型になると押しつぶされやすいという特性を有する．昆虫のサイズを小型にしている要因のひとつは外骨格にあると思われる．

2）循環系・気管系

循環系は脊椎動物と比べるとルーズなもので，血液中に各臓器が浮かぶ開放血管系である．呼吸方法にさわだった特徴があり，酸素を運搬する血色素をもたず，空中酸素は体側にある気門から気管系に入り，細かく分岐した気管を通って直接組織に到達する．このように血液を介さない酸素の供給システムは小型で陸上生

活をする昆虫の体内水分の保持を可能にするうえできわめて有効である．

　昆虫は成長過程で脱皮をするが，気管は発生学的には表皮が内部に陥没したものでありクチクラに打ち張りされており表皮と同様に脱皮をする．複雑に分岐して体内のすべての組織まで達する気管がうまく脱皮することは想像以上に難事業かもしれない．このことも昆虫があまり大きくなれない要因のひとつともいわれる（同じ節足動物でも水中に生息し，気管系をもたない甲殻類には巨大なものが存在する）．

3）小型であることの利点

　サイズが小型であることは消費資源（食物，生息空間など）が小さくてすむので，一定スペースに収容できる個体数が多くなることや，ほんのわずかな環境の違いも異なる好みをもつ別の種の生息を可能にするなど，多様化をもたらすきわめて大きな要因であったと思われる．

b．生理生態と多様化の要因

1）脱皮と変態

　昆虫の成長過程を特徴づけるのは脱皮と変態である．とくに成虫への変態脱皮（羽化）の神秘には万人が感動するものである．いずれも内分泌系による厳密な制御による現象である．変態の仕方にはもっとも進んだ形である完全変態（卵—幼虫—蛹—成虫の明瞭な4段階を経過する）と不完全変態（蛹期をもたない）がある．とくに完全変態昆虫では，幼虫期と成虫期で変態にいちじるしい差異があるだけでなく生態的にも大きく異なることが多い（図5.2）．一生の間に形態が何度も激変することは脊椎動物にはまねのできない芸当である．これも外骨格をもつことの利点であり，昆虫がいちじるしい形態の多様性を示す理由になっている．

　昆虫は幼生（幼虫・蛹）期には移動性が乏しい代わりに敵に発見されにくい形態や行動が発達し，効率的な摂食能力など成長のために最大限に適応した形質がみられる．これに対し成虫では翅による顕著な移動力をもつとともに，敏捷な行動によって敵の攻撃をかわしたり，配偶者や寄主（産卵対象）の発見効率を高めている．以上のように昆虫は変態によって，ひとところに留まってもっぱら成長を行う幼生期と移動や生殖をおこなう成虫期とを形態的にも機能的にも明確に分割し，効率的に子孫を増やすとともに分布の拡大をはかってきた．

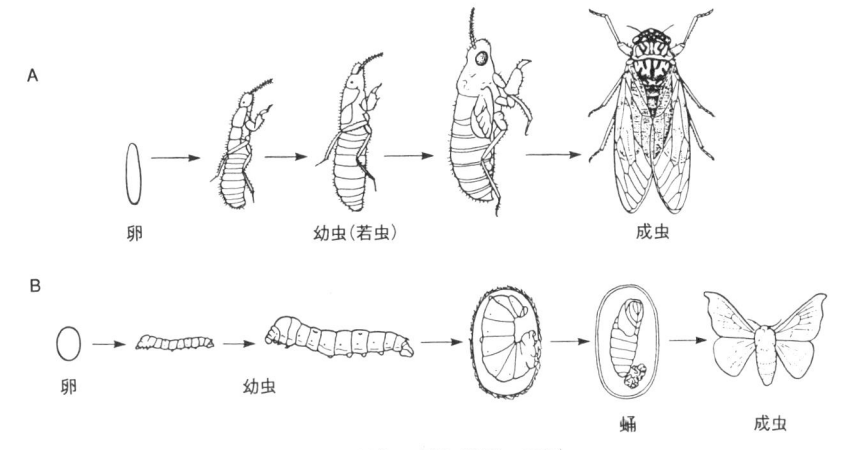

図 5.2 昆虫の変態（桜井, 1995）
A：不完全変態（セミ），B：完全変態（ガ）.

2）短いライフサイクル

成長に関連してもうひとつ重要なことは昆虫の1世代が比較的短いことである．1世代に数年から10数年を要するセミなどは例外であり，多くの昆虫は年に1世代あるいは2世代以上を経過する．ハエ類にみられるように温度や食物などの条件が許せば年に10世代を超える場合も珍しくない．このことは，個体数の多さとともに遺伝的変異の蓄積と選択を増大させる，つまりは進化速度を高める上で非常に有利な条件である．

3）休　　眠

昆虫のおもな「活動」は幼生期の成長と成虫期の生殖である．昆虫は活動することによってみずからの子孫を増やせる条件にあれば活動をつづける．一方，不適当な条件下では活動を低下することが適応度の低下を防止することになる．ここで昆虫は不適条件（たとえば冬季の低温，食物の欠如，天敵の活動など）による受動的な活動の低下ではなく，これらの到来を予測して自律的に活動を停止または停滞させて条件の改善を待つという特技を身につけた．これが，昆虫の多くの種とダニ，クモなどの一部だけに知られる特殊な「休眠性」である．

休眠も脱皮・変態と同様に内分泌系の支配を受けており，休眠中は特異な生理状態にある．たとえば呼吸は大きく抑えられており，一般の代謝系も活動が低下する一方，休眠時に特異的な代謝がみられるようになる．低温，乾燥，絶食など

に対する耐性が活動期より高まっていることも多い．

休眠性を獲得することにより，昆虫は季節的に訪れる不適環境条件下における生存率の低下を抑えることが可能になり，さらに生息範囲を拡大するための潜在能力を身につけたと思われる．

4）移　　　動

食物が不足したり，生息密度が過剰になるなど，生活の条件が悪化すると移動して条件のよい場所に移り住むのはどの昆虫にもみられる．また，多くの種で条件によらず羽化後に一定の移動・分散をして新たな繁殖地を開拓する習性がみられる．さらに，一部の昆虫では個体群レベルでの方向性としばしば季節性をともなったスケールの大きな移動が知られている．毎年アジア大陸から日本に飛来する稲作の大害虫トビイロウンカや，アフリカなどでのバッタ類の集団移動のような長距離移動はその典型である．このような移動は休眠と同様に内分泌系の制御に基づいて生じるもので，休眠が不適条件をのりきる時間的な戦略とすれば，移動は空間的な戦略とみることができる．実際，トビイロウンカのように休眠性をもたない種に移動性をもつものが多く知られているが，中には休眠と移動を巧みに組み合わせた生活環をもつ種も少なくない．翅を獲得した昆虫が示すさまざまな移動性は昆虫の生息範囲拡大の強力な武器であったことは間違いない．

5.3 多様性の実際

前項でのべたような多様化に適した形態や生理生態の基本設計のもとに，それでは昆虫は実際にいかに多様化したかを概観してみよう．

a．種の多様性：昆虫の分類

昆虫の種数が多いことはすでにのべた．これがどのように分類されているのかを簡単に触れておこう．昆虫は通常約31の「目」に分けられている（最近ではもう少し細分化される傾向が強いが，ここでは従来の分類に従う）（図5.3, 図5.4）．目は比較的大きな分類単位であり，哺乳動物でいえば「霊長目」にはヒトを含むすべての「サル」が入るし，「食肉目」にはイヌ，ネコ，クマ，イタチなどがまとめられる．だから31目という数からしてすでに昆虫の多様性を如実に示している．

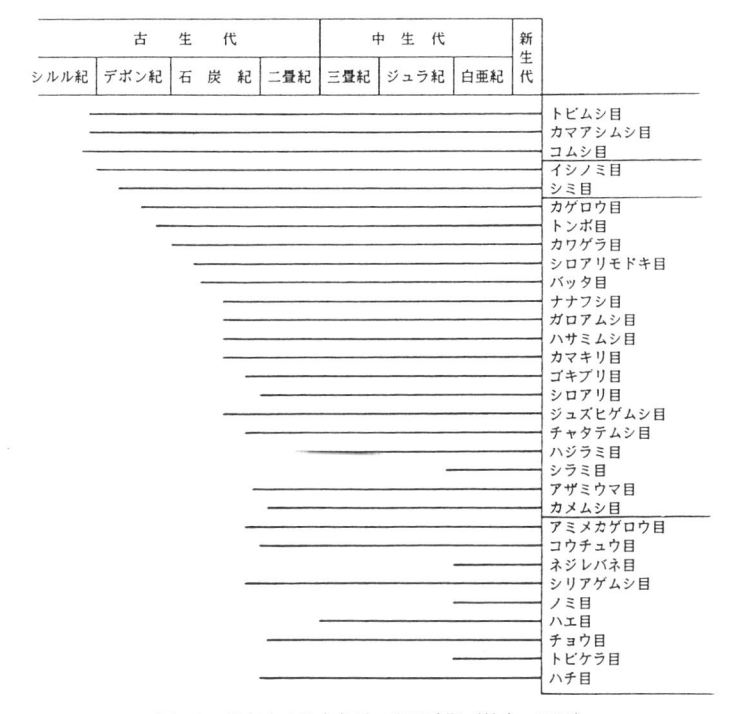

	古　生　代				中　生　代			新生代
	シルル紀	デボン紀	石炭紀	二畳紀	三畳紀	ジュラ紀	白亜紀	

```
─────────────── トビムシ目
─────────────── カマアシムシ目
─────────────── コムシ目
  ───────────── イシノミ目
  ───────────── シミ目
     ────────── カゲロウ目
     ────────── トンボ目
       ──────── カワゲラ目
         ────── シロアリモドキ目
       ──────── バッタ目
         ────── ナナフシ目
       ──────── ガロアムシ目
       ──────── ハサミムシ目
       ──────── カマキリ目
       ──────── ゴキブリ目
       ──────── シロアリ目
         ────── ジュズヒゲムシ目
           ──── チャタテムシ目
            ─── ハジラミ目
               ─ シラミ目
           ──── アザミウマ目
       ──────── カメムシ目
           ──── アミメカゲロウ目
       ──────── コウチュウ目
            ─── ネジレバネ目
         ────── シリアゲムシ目
           ──── ノミ目
          ───── ハエ目
           ──── チョウ目
         ────── トビケラ目
          ───── ハチ目
```

図5.3　現存する昆虫各目の出現時期（鈴木，1995）

1）目の特徴

　31のうち5目は進化史上一度も翅をもつことなく現在に至ったグループ（以下，「無翅昆虫」）で，原始的な特徴を多くもつグループである．微小で地表や土壌中にすむ「目立たない」種が多く，外見上は顕著な変態をしないなどあまり昆虫らしくない昆虫で，種数もトビムシ目（5,000種）を除き多くない．しかし，昆虫が翅のない祖先から進化したのは疑いのないことなので，昆虫の起源を探るうえでは重要な存在である．

　そのほかの26目はすべて翅をもつか，二次的に翅を失ったものを含む「有翅昆虫」のグループである．うち17目はいわゆる不完全変態する昆虫で発育過程に蛹期を欠く．最終齢の幼虫が変態脱皮して成虫になる．幼虫の体表にはすでに小さい翅の原基（翅芽）が認められるはか，口器，足をはじめ基本的体制が成虫と似ているので，幼虫から成虫の形態を想像することは困難ではない（やごやバッタ，セミ，カメムシなどの幼虫を知っていれば理解がいくであろう）．これらの中で種

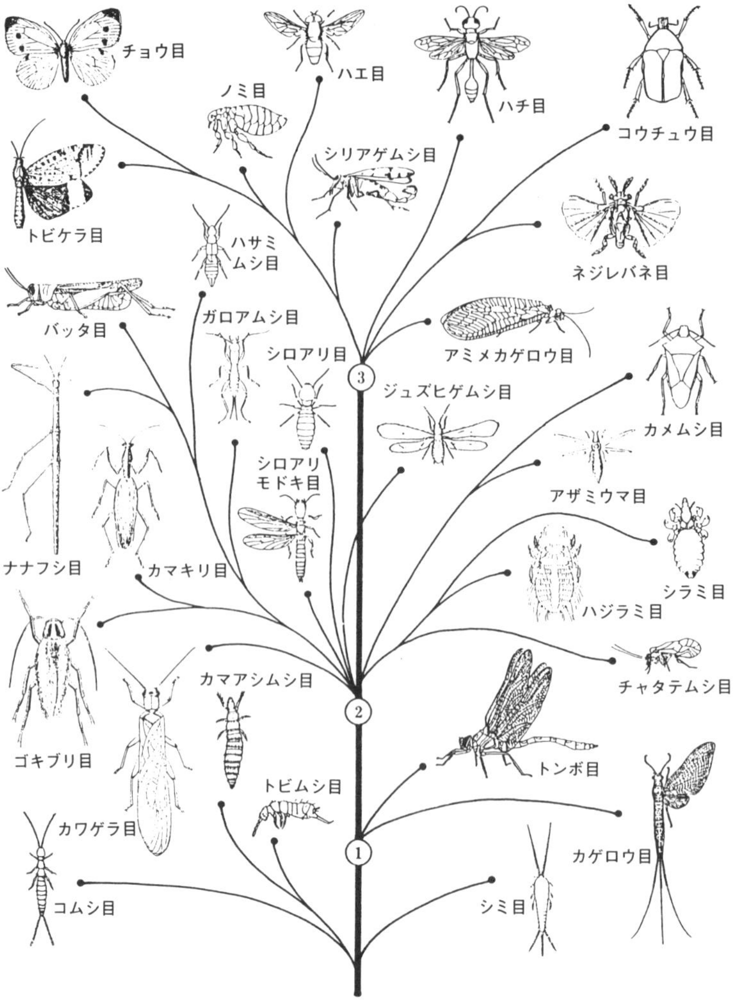

68   5. 昆虫の多様性と進化

図5.4 昆虫各目の姿態と系統の概念（大野，1984を改変）
1：翅が形成される，2：翅を折りたためる，3：完全変態となる．

　数の豊富さや人間生活との関わりからみて重要なグループとしてはトンボ目，バッタ目，ゴキブリ目，カメムシ目があげられる．中でもカメムシ目は不完全変態をする昆虫ではもっとも多様化した最大のグループ（82,000種）で，植物の汁液や動物の血液などの吸汁に適した針状の口器を発達させており，多くの農作害虫，

衛生害虫を含む．

　残る9目は，卵，幼虫，蛹，成虫の4つの発育段階を経過する完全変態を行う．幼虫の体表に翅芽があらわれないだけでなく，その他の形態も成虫とは似ても似つかない（ハエのうじ，チョウやガのいも虫，カブトムシの幼虫などを想起されたい）．これら9目の総種数は残りのすべての目の総種数よりもはるかに多いが，それは大半の種を擁する，コウチュウ目（370,000種），ハエ目（100,000種），チョウ目（112,000種），ハチ目（130,000種）が存在するからで，これら4目で実に70万種を超える．完全変態する昆虫はまた形態も不完全変態群よりもさらに多彩であって，上記の4目を中心に昆虫の中でもっとも進化し繁栄しているグループだといえる．

2）分類の根拠

　以上の分類はおもに成虫のマクロな外部形態の比較によっている．ただし，しばしば近縁種間でみられるように外部形態の区別が困難な場合には，交尾器や幼生の形態，内部形態，走査型電子顕微鏡などによる表面の微細形態などが比較の対象となる．複数の形態形質の計量データを用いた多変量解析が種の判別に有効な場合もある．形態以外では染色体，交配の可否，雑種の生存率・妊性などに関する遺伝的なデータや，生態（生活史，寄主選好性，行動など）の比較，フェロモンなど生体成分の化学的組成の比較も重要である．他方，アイソザイムや，核やミトコンドリアのDNAの構造を比較して得られる遺伝子レベルやタンパク質レベルのデータは系統関係の解明にしばしば有効である．これらのデータを総合的に検討することによって，系統関係を考慮した総合的な分類が試みられるようになった．

b．形態の多様性
1）サ イ ズ

　昆虫のかたちがさまざまなのは多くの人が知っている．まずサイズであるが，昆虫は他の動物と比較して小型である．身の周りで目にする昆虫を思いうかべてほしい．たぶん，カブトムシ，クワガタムシ，オニヤンマ，アゲハチョウの仲間，ヤママユガの仲間などが大きな昆虫の代表だろう．いずれも脊椎動物と比べればかわいいものである．では，最大の昆虫は何か？　史上最大の昆虫は石炭期の化石昆虫でトンボに近いメガニューラだろう．翅を広げると開張が75 cmに達する

ものがいたという．現存する昆虫の体長ではナナフシ類，体重ではカブトムシ類，翅を広げた面積ではヤママユガ類にそれぞれ最大種がいるが，いずれも脊椎動物はもちろん，同じ節足動物の甲殻類に対しても，手も足も及ばない．小さいほうでは当然ながら昆虫に内部寄生する昆虫に小型種が多い．中でも成虫の体長が1 mm に満たないアザミウマ（アザミウマ目）の卵に寄生する寄生バチの一種の体長はなんと 0.18 mm だという．しかもこのハチには鳥の羽毛様の翅がちゃんとあるのだから恐れ入る．

2）か た ち

体のかたちや色も多彩である．外形のちがいは異なる目の間ではもちろんのこと，同じ科の昆虫でも大きなちがいがあることが多い．これは，ひとつに外骨格をもつことからもたらされる形態の自由度の大きさによる．このことはすでにのべた変態という昆虫の一生の間にみられる多彩な形態変化にもいえることである．

体の各部分の形態をとってみてもきわめて大きな差異がある．代表例として昆虫を特徴づけている翅をとりあげる．翅のかたち，翅脈の様子(脈相)，翅の質(基本的には薄い膜質か，厚く硬化した革質か)，紋様，色彩などにみられる違いは昆虫の形態の多様性をもっともよく表しているが，ここではもっと単純に翅の数をみてみよう．翅は胸部の3節のうち後の2節の皮膚が変化したものだ．基本的にはこれらの節に各1対，計4枚だが，ハエ目では後の1対が退化して平均棍という小器官になり，翅の機能をするのは前翅の1対である（ハエ目の異名，双翅目はこれに由来する）．反対にネジレバネ目のオス成虫では前翅が退化している(メスは無翅)．すでにのべたように全部の翅が退化した昆虫も沢山いる．目レベルで翅の退化しているのはハジラミ目，シラミ目，ノミ目などである．その他多くの目でも一部に無翅の種がみられる．カマドウマ類（バッタ目），トコジラミ（ナンキンムシ；カメムシ目）などが有名．その他，ゴキブリ目，ハサミムシ目，ハエ目などにも無翅の種がいる．さらに同一種内に有翅型と無翅型がある例も多い．上のネジレバネの例は雌雄二型の一種であり，季節によって無翅か有翅が決まる例はアブラムシ類が有名である（いずれも後述）．

c．生理・生態の多様性
1）食　　　性

　生きた植物を食べる植食性昆虫では，おもに高等植物がエサ（寄主）となるが，シダ類，地衣類，コケ類，藻類を食うものもいるし，キノコ類，カビ，酵母などの菌類食昆虫も多数知られる．全体的には高等な被子植物を食べる昆虫が多くを占めている．このように寄主となる植物の範囲は広いが，個々の種をみるとカイコガのクワ，モンシロチョウのアブラナ科，トビイロウンカのイネのように寄生できる範囲は限られる．さらに，摂食する部位も種によって，葉，茎，花，果実，種子，根，汁液などに専門化する傾向が強い．寄主選好性は植物の栄養的な違いによるよりも産卵や摂食を促進あるいは阻害する，植物のグループに特有の化学物質の存在によって決まることが多い．これらの物質は二次代謝物質とよばれ，アルカロイド，テルペノイド，タンニンなど苦み，芳香，毒性をもつものが多く，食植者に対する植物側の防御手段として獲得したものといわれる．一方，昆虫の中にはこれらを解毒や蓄積する機構を発達させただけでなく，寄主探索の手がかりとして利用するものが少なくない．いわゆる共進化の好例である．植物の多様化は昆虫の種をいちじるしく豊富にした要因のひとつであることは間違いない．

　動物をえさとする肉食性の昆虫の場合も，えさとなる動物はきわめて広範囲で，生きた動物では昆虫をはじめとする節足動物，軟体類，環形動物などの無脊椎動物から脊椎動物までが対象となる．後でのべるように昆虫が進化の早い段階から非常な多様化を果たしたためか，他の昆虫をえさとするものは多くの目にわたって存在する．利用の仕方には大別して捕食と寄生の2通りがある．

　捕食の場合はトンボ，ウスバカゲロウ（幼虫はアリジゴク）のように対象が一定しないことが多い．えさになるのは昆虫など小型の節足動物が多いが，タガメのような大型水生昆虫には魚類まで捕えるものもいる．なお，狩りバチ（幼虫のえさとなる昆虫，クモなどを捕えて巣内に運ぶ習性をもつハチ類）やホタル（幼虫が水生巻貝を専門に食う）にみられるように対象が限定されるものもある．

　寄生の場合は捕食とちがって対象種（寄主）の範囲が限定されることが多い．寄生には昆虫などを寄主とし最終的に寄主を食い殺す「捕食寄生」と，ノミやシラミのように寄主の体外に寄生して吸血しながら共存するいわゆる「寄生」がある．寄主の体内へ寄生する例では対象はおもに昆虫で，他にクモなど節足動物であることが多い．ただし，ハエ目ではウマバエなど哺乳類の体内に寄生する種が

少なからず知られている．昆虫に寄生するものは対象の種数が豊富なだけに膨大な数の種が存在し，ほとんどの昆虫には少なくとも1種の寄生者がいるともいわれるだけに未発見や未登録の種も多い．寄生昆虫の多様性もまた昆虫全体の多様性に大きく貢献している．体外寄生するものの寄主は昆虫のほか，ノミやシラミのように比較的新しく出現した鳥や哺乳類など脊椎動物に特殊化して寄生するものが多い．

生きた生物のほか，落葉，落枝，倒木，腐植，動物の死体，脱落した毛・皮膚・はね，排泄物などを食う昆虫も多い．また，植物性，動物性を問わず人間が加工した食品や繊維製品，木材なども種々の昆虫に加害されることは日常経験することである．

2）活動する季節・時刻

昆虫は変温動物であるので，活動は外気温の制約を受け，一定の範囲内でのみ可能である（低いほうの限界温度を「発育0点」とよぶ）．その範囲内では成育速度は外気温と直線的関係があり，高温になるほど成育が早まる．一生をまっとうするには一定の温量（平均気温から発育0点を引いたものに日数を乗じた値：有効積算温量）が必要である．発育0点や有効積算温量は種によって異なり，一般に昆虫の発育0点は寒い地方に分布するものでは低く（多くは5℃近辺），熱帯の昆虫では高い（多くは10～15℃）．1年間に何世代を経過できるかは，まず生息地の温量に規定されるが，さらに加えて前述の休眠性がかかわる．休眠には環境条件によらず一定の発育段階に達すると必ず休眠する「絶対休眠」と，一定の環境条件（光周期，温度，えさの質など）を感受するとその後に休眠が誘導される「随意休眠」がある．休眠を覚醒する条件は普通冬の低温であるので，絶対休眠する昆虫は年に1回だけ発生する．随意休眠する昆虫は，温量が十分であっても休眠を誘導する環境条件にさらされれば休眠してしまう．したがって，年に何回発生するかは温度のほかに，光周期など他の環境条件にも規定されることになる．こうして，ある地域の昆虫全体をみると，その発生回数や発生期はまちまちになる．極端な例では，フユシャクガ類のように成虫の活動期が他の多くの昆虫が休眠している冬期であったりする．

活動には季節的な多様性のほか，1日のなかでの時間的な多様性もある．他の生物と同様，昆虫の活動ものべつまくなしに行われるものではなく，種によって一定の時間帯に集中する．大きく分ければ昼行性と夜行性であるが，それぞれの

中でもさらに活動時間帯が細かくきまっていることが多い．生態の似た近縁種が同時に同じ場所に生息する場合には，活動に時間的すみわけが見られることがある．

d．種内の多様性

同じ種のなかでの形態，生理・生態の変異の大きいことも昆虫の特徴である．長さや重さのような量的形質の連続的な変異は，遺伝的要因と環境的要因がからみあって生じるもので他の生物にも普遍的に見られる．ここでは「多型」とよばれる，形態あるいは生理・生態に見られる質的な変異に注目しよう．多型には遺伝的差異により生じるものと環境条件により生じるものとがある．

1）雌雄二型

まずカブトムシに典型的に見られる雌雄二型は，程度の違いはあれ多くの昆虫に普遍的に見られる．オスは有翅でメスは無翅というケースは前述のネジレバネのほか，ミノガ（ミノムシの親），カイガラムシ類（図5.5），ホタルの一部など，多くの昆虫にみられる．これらは多型の一部として扱われることも多いが，これは二次性徴に相当するものである．

2）遺伝的多型

テントウムシには斑紋に4種の型があり，これらは一見それぞれ別種に見えるほど異なっているが，ヒトのABO式血液型と似た遺伝的支配を受けることがわかっている．モンキチョウは黄色地に黒い紋のある翅をもつのでその名があるが，

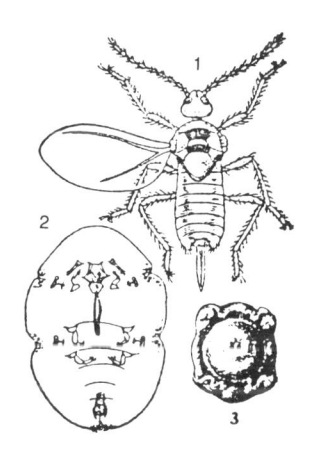

図5.5 カイガラムシの雌雄二型（平嶋，1986）
ルビーロウムシ（1：オス成虫，2：メス成虫，3：かいがらをつけた状態のメス成虫）．

メスにはオスと同じ黄色の型と白色の型（この場合は雌雄二型）があり，これらは遺伝的に決まる．地理的な隔離はしばしば集団の間に顕著な多型(地理的多型)を生じる．

3）季節的多型

発生時期の環境条件（光周期，温度，えさ，生息密度など）の違いによって季節的に異なる形態，生理・生態をもった個体が生じる．これは成育中，一定の発育段階における環境条件に反応して生じる型が決定されるもので，なかでもチョウ類には互いに別種とみまがうほどの季節型を生じる種が少なくない．前出のアブラムシ類の季節的多型は翅の有無に加えて，寄主植物，生殖様式の転換をともなう複雑なものである．冬寄主（多くは木本）上で卵で越冬後，無翅のメスがあらわれ単為生殖と卵胎生で数世代を重ねるが，まもなく有翅メスが出て，夏寄主（多くは草本）に移動し再び無翅のメスが単為生殖をくり返す．えさ条件が悪化したり，過密になると有翅メスが出て新しい寄主に移る．秋季，短日に反応して有翅虫（メス・オス）が出て冬寄主に移り（有性世代），成虫が交尾して越冬卵を産む（図5.6）．

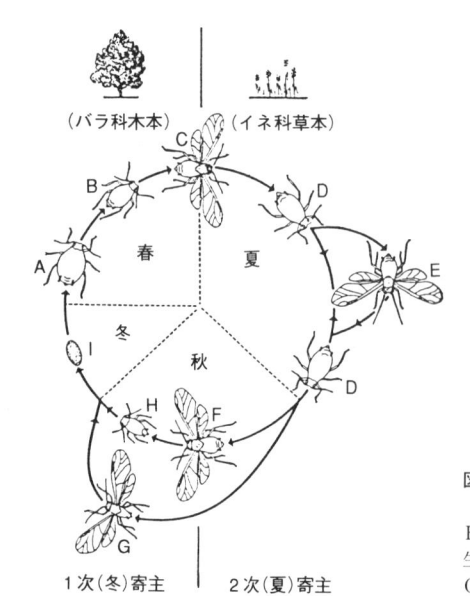

図5.6　アブラムシの生活環（久野，1986）
ムギクビレアブラムシ（A：越冬世代成虫，B：第一世代成虫，C：春季移動虫，D：無翅胎生虫，E：有翅胎生虫，F：産雌虫(秋季移動虫)，G：オス（秋季移動虫），H：産卵メス，I：卵）

4) 多型と種形成

　遺伝的多型は新たな種の形成を生み出す重要な要因である．昆虫に多くの遺伝的多型がみられることは，集団レベルでの遺伝的多様性が大きく，したがってこれが種の多様化に大きな貢献をしてきたこと，さらに今後も新たな種分化を進める可能性があることを示している．環境条件による多型の存在は個体の可塑性を示しているといえよう．集団レベルにせよ個体レベルにせよ種内の多様性の豊富さは，昆虫の高い適応性の重要な要因であることに注目したい．

5.4　昆虫の進化

a．進化の方向性
1) 変　　態

　変態は昆虫を特徴づける現象であるが，すでにのべたようにその内容は同一ではない．無翅昆虫の変態は外見上サイズの増大，体節数の増加など以外には幼虫と成虫の間に目立った形態の変化をともなわないため，漸変態（ときに無変態）とよばれる．昆虫の祖先であった無翅昆虫の変態はおそらくこのようなものであったと想像される．有翅昆虫では成虫脱皮にともなって翅が現れることから幼虫と成虫の間には明らかな形態変化がある．すでにのべたように不完全変態では蛹期がなく，形態変化はおもにサイズと翅の有無にとどまる．いっぽう，完全変態では，幼虫期と成虫期の間に両者とはまったく異なる蛹期を有し，幼虫と成虫の形態にいちじるしい差異がみられるなど，明らかに進化した特徴が多く見られる．形態的な特徴のほか，生態的にも大きな違いがあり，たとえば不完全変態昆虫では幼虫と成虫の食性は基本的には変わらないが，完全変態昆虫ではチョウ目のようにまったく違ってしまう例が多い．

2) 翅

　いちばん端的な説明ができるのはやはり「翅」であろう．昆虫以外の無脊椎動物に翅をもったものがかつて現れたことがないという事実と，昆虫の大部分が有翅昆虫であるということは，昆虫の祖先型が無翅であったことと，翅が昆虫にとって最大の武器であったことを物語る．無翅から有翅への変化は昆虫のその後をもっとも特徴づけるできごとであった．初めにあらわれた翅はトンボのように背腹方向にのみ可動性があり，現存の多くの有翅昆虫のように後方に折りたたんで背中（胸部と腹部の背面）を覆うことはできなかった．トンボ目とカゲロウ目の

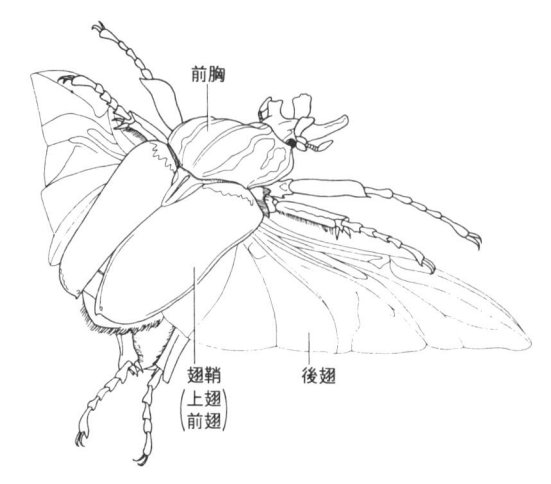

図 5.7 コウチュウ目の飛翔（石川，1996）
ゴライアスオオハナムグリ；前翅をもちあげて飛ぶ．

2目がこの原始的な翅をもつグループ（古翅類）に属す．それ以外の有翅昆虫（新翅類）のもつ折りたたみ自由の翅は飛ぶ機能に加えて体を保護する役割をもつ．保護機能は前翅のみの肥厚化によってさらに前進し，不完全変態昆虫ではカメムシ目，完全変態昆虫ではコウチュウ目でそれぞれ完成の域に達した．これらでは前翅は多彩な斑紋によって擬態や隠蔽の機能をあわせもつ例も少なくない．なお，コウチュウ目では前翅は飛ぶ機能をまったく失っている（図5.7）．

翅をもった昆虫は翅を有力な武器として大いに生息域を広げ，新たな環境に適応して新しい種をつぎつぎと生み出した．そのなかで洞穴や地中など安定した特殊な環境に適応したものや他の動物に寄生する道を選んだものなどのなかには，ライフスタイルに適応して二次的に翅を退化させたものも出現した．前述したようにノミ，シラミは代表例である．

翅脈は分類群によって特徴的な脈相を示すが，一般的には原始的な昆虫ほど複雑であり，進化の進んだグループになるほど単純になる傾向がある．不完全変態類で最も古い有翅昆虫（古翅類）のカゲロウとトンボの2目，新翅類で古い群に属すバッタ目，ゴキブリ目，カマキリ目などはどれも大変複雑な脈相を示す．それらに対し，完全変態昆虫でも高等な昆虫とされるチョウ目の翅脈は比較的簡略なものとなり，さらに，ハエ目，ハチ目などではきわめて単純化されたものが多く見られる（図5.8）．

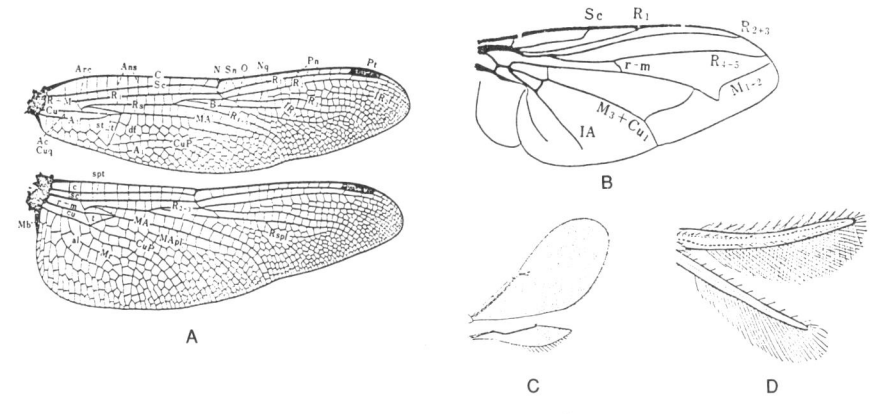

図5.8 昆虫の翅（平嶋，1986）
A：トンボ目，B：ハエ目，C：ハチ目，D：アザミウマ目．

3) 口器・その他の形態

　昆虫に近縁とされる他の節足動物，無翅昆虫，古い形の有翅昆虫（トンボ目，バッタ目，ゴキブリ目など）の口器はいずれも食物を噛む形態（咀嚼型）である．つまり昆虫の口器の基本型は咀嚼型である．不完全変態昆虫でもいくつかの進んだ目になると吸汁型の口器をもつものが現れる（カメムシ目など）．もっとも進化した完全変態昆虫では口器はさらに多様化し，咀嚼型（コウチュウ目），ゼンマイ状になった吸汁型（チョウ目），唇弁とよばれる液体を舐めとるのに適した型（ハエ目），咀嚼と吸汁の能力を兼ね備えた型（ハチ目）などさまざまな形態が存在する（図5.9）．

b．昆虫の祖先

　昆虫はどのような先祖から進化したのであろうか．それには現存する他の節足動物との比較が有用だろう．昆虫に一番近縁の節足動物はなにかと問うと，よくクモやダニの仲間だろうとの答をもらう．たしかにクモ・ダニは足の数が昆虫より2本（1対）多いだけで，形態も昆虫に似ている．生息する場所や生態にも共通点が多い．しかし，これらは外形が似ているだけで，口器や付属肢の形態，呼吸系などの内部形態などからみて，昆虫との類縁関係は薄いと考えられている．もっとも昆虫に近い親類は，いわゆる多足類（ムカデ，ゲジ，ヤスデなどの仲間）といわれている．このことから昆虫は多足類的な節足動物が体節の融合と頭部，

78 　5．昆虫の多様性と進化

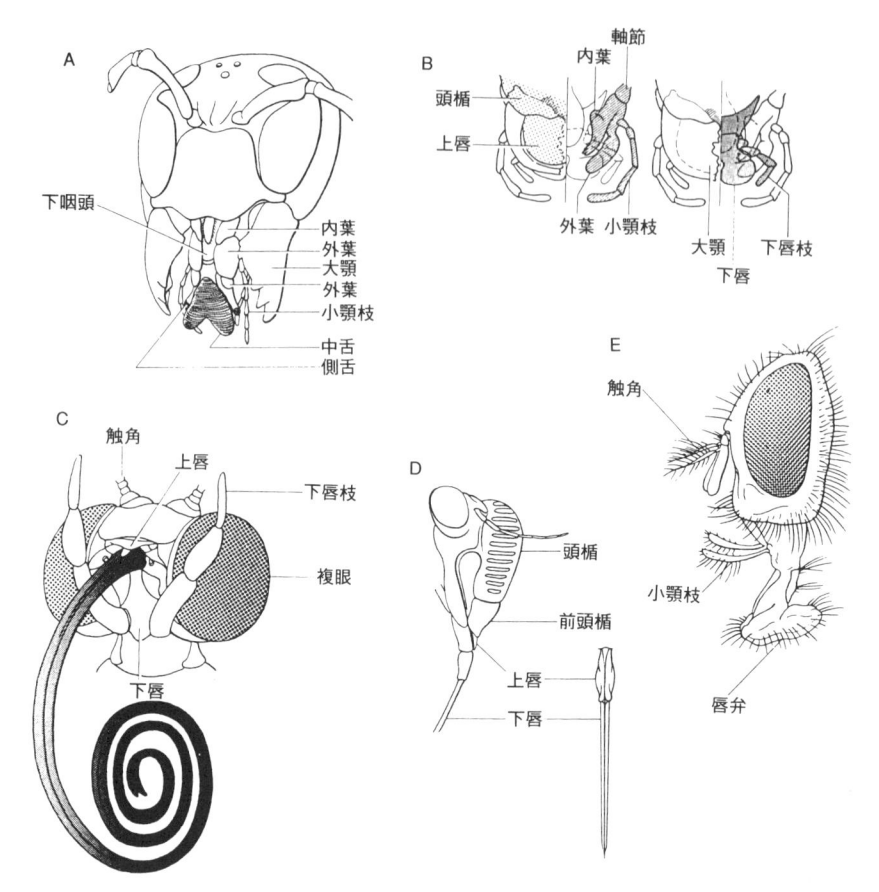

図5.9 昆虫の口器（石川，1996）
A：スズメバチ(ハチ目)，B：コウチュウ目，C：チョウ目，D：セミ(カメムシ目)，E：ハエ目．

胸部，腹部への機能の分化，腹部の付属肢の退化などの変化を経て生じたものと解釈される．ただし，DNAの構造比較結果からは，昆虫類はむしろ甲殻類の一部（鰓脚類）ともっとも近い系統関係にあるとする考えもある．

　それはともかく，最初の昆虫はどのような形態だったのだろうか．他の動物のように化石として残される例は昆虫ではあまり多くない．とくに先祖とみなされるような昆虫化石は残念ながら発見されていない．しかし，進化の方向性や他の節足動物との比較などから昆虫の祖先型の形態を推察することはある程度可能である．すなわち，体は頭部，胸部，腹部に分かれる．頭部には触角，単眼，複眼，単純な構造の大顎を備えた咀嚼型の口器がある．胸部には3対の足があるが，無

5.4 昆虫の進化　79

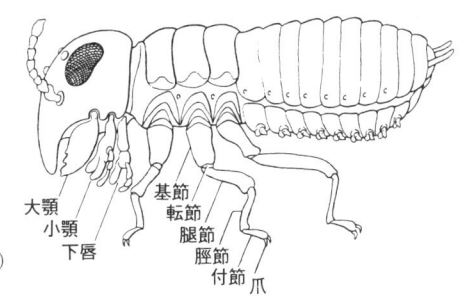

図 5.10 昆虫の祖先的形態（石川，1996）
おそらく実物はもっと細長い．

翅，腹部には各節に付属肢の痕跡である突起，および，末端に尾毛を有する，という構造である（図 5.10）．

c．昆虫の出現時期

　節足動物の起源は非常に古く，5 億年前の古生代カンブリア期には三葉虫や甲殻類の祖先が海水中に生活していた．昆虫の祖先とされる多足類は当初から陸上生活者であり，その中から昆虫の祖先型が生じたのは 4 億年から 3 億年前にかけてとされる．デボン期には現存の無翅昆虫（シミやトビムシなど）に近いものがすでに現れていたらしい．有翅昆虫が現れたのは石炭期にはいってからのこととされるが，いったん現れると，翅の折りたたみできない古翅類から，折りたたみ可能な新翅類の分化はかなり短い期間に行われた（図 5.3）．翅を獲得した昆虫がまだ他の動物の多くが未利用の陸上という新天地において見せた適応放散は爆発的であったのかもしれない．現在，昆虫の膨大な種数が地球の面積の 4 分 1 しか占めない陸上に集中していることはこのことを物語っているのだろう．
　つぎの二畳期には寒冷と乾燥により多くの昆虫が絶滅したが，かわって新たなグループが生み出された．カワゲラ目，カメムシ目などの不完全変態昆虫に加えてコウチュウ目やアミカゲロウ目などの完全変態昆虫の一部も現れた．降って中生代にはいると新たにハエ目，チョウ目，ハチ目などが加わるとともに，すでに存在したグループでも発展がみられる．それはその時代に大きな発展をとげた顕花植物との深い関連を物語っている．なお，その時代には現在の昆虫の大半の目がすでに出現したことになり，昆虫の多様化が今から 2 億年近く前という非常に早い時期にすでになされていたことに注目したい．

d．進化の速度

ゴキブリやムカシトンボなど，生きた化石とよばれる昆虫がいる．これらでは2億年以上の時間を経過したのにかかわらず化石として発見された種と現存する種の形態にきわだった差異がない．いっぽう，ハワイ列島には大型で翅に斑紋のある特異なショウジョウバエ属のハエが100種以上いるが，このグループはハワイ列島以外にはまったくいないので，これらのハエはハワイ列島で祖先種から新たに種分化したものと考えられている．ハワイ列島は周知のように火山性の島々であり，大体500万年から100万年前に海底火山の噴火によってつぎつぎと生じたことがわかっている．これらのハエの祖先はハワイ列島の誕生以後に移住してきたごく少数の受精したメスであり，以後の数百万年の間に祖先種とはまったく形態を異にする多数の種が形成されたと考えられている．

自然的あるいは人為的な要因によって集団の形質に急激な変化を生じる例は数多く知られている．その中でも「殺虫剤抵抗性」系統の出現は典型的であろう．同じ合成殺虫剤を同じ害虫集団に連続的に使用することでわずか数年の間にその薬剤の効力が激減してしまう原因は，もともとその害虫集団に低率で存在した薬剤抵抗性の遺伝子の頻度が薬剤による選抜を受けて上昇するためとされる．

以上の例は，昆虫がある条件下では非常な速度で進化しうる潜在的な能力をもっていることを示しているといえよう．

e．昆虫の種分化の契機

すでに存在する種から分かれて新たな種が形成される（＝種分化）には，もとの種から何らかの要因で生殖的に隔離されることが不可欠なことはいうまでもない．昆虫の生殖的隔離は雌雄間の交尾が成立する以前の段階で生じる「交配前隔離」と，交尾成立以後の段階で生じる「交配後隔離」に大別できる．

交配前隔離の要因としては，成虫の発生時期の違い，配偶行動がみられる時間帯の違い，配偶対象の認識方法の違い（ガのメスなどの性フェロモンや，セミ，コオロギなどのオスの鳴き声など）などがあげられる．これらの違いが生じる原因としては，地理的な隔離（ハワイのショウジョウバエの例のような移住による集団からの離脱，大規模な地形の変化など）によって分断されたそれぞれの集団が異なる環境条件にさらされるためであることが多い（異所性種分化）．しかし，一部の昆虫で明らかにされているように，同一の生息場所において集団の一部に

産卵選好性や摂食選好性に遺伝的な変異を生じることが引き金となって隔離が進行し，新たな種形成が行われる場合もある（同所的種分化）．

交配後隔離はさらに雑種致死と雑種不妊に区別される．雑種致死とは交尾が成立したのにその次世代が成虫にまで達せずに死ぬ場合である．雑種不妊は交尾が成立し，その次世代も成虫にまで達するが妊性がない（次世代をつくることができない）場合をいう．雑種致死や雑種不妊はオスまたはメスだけに生じる場合と，どちらの性でも生じる場合がある．また，致死や不妊は絶対的なものではなく，それらの程度はさまざまである．

昆虫の種形成に交配前隔離と交配後隔離のいずれが強く働くかは一概にはいえない．新しい種が形成される条件はそれぞれのケースで異なるといっても過言ではないくらい多様と考えられるからである．〔田付貞洋〕

謝辞：東京大学害虫学研究室の星崎杉彦氏には本稿に対し有益なコメントをいただいた．厚くお礼申し上げる．

参 考 文 献

日高敏隆 (1992). 昆虫という世界―昆虫学入門（朝日文庫），朝日新聞社.
石川良輔 (1996). 昆虫の誕生（中公新書），中央公論社.
木元新作（編）(1986). 日本の昆虫地理学，東海大学出版会.
木元新作・武田博清（編）(1987). 日本の昆虫群集，東海大学出版会.
北川 修 (1991). 集団の進化（UPバイオロジー），東京大学出版会.
小原嘉明（編）(1995). 昆虫生物学，朝倉書店.
正木進三 (1974). 昆虫の生活史と進化（中公新書），中央公論社.
松香光夫ほか (1984). 昆虫の生物学，玉川大学出版部.
松本義明ほか (1995). 応用昆虫学入門，川島書店.
中筋房夫（編）(1988). 進化と生活史戦略（昆虫学セミナーＩ），冬樹社.
齋藤哲夫ほか (1986). 新応用昆虫学，朝倉書店.
梅谷献二 (1991). ヒトが変えた虫たち，筑摩書房.
安富和男 (1994). 害虫博物館，三一書房.

6. 森林における生物の多様性

6.1 地球上での森林の形成

　30数億年前，地球上の生物は原始の海に細菌類などの原核生物として誕生した．最初に現れたシアノバクテリアなどの藻類[注]は，光合成の過程で酸素を放出し，この働きによって大気中の酸素は古生代の中頃までに2％まで増大した．やがて，オゾン層が上空を覆い，この層が生物に有害な太陽からの紫外線を吸収し，その結果，生物が海から陸上へ移り住むことができるようになった．

　　[注] 藻類とは，光合成の過程で酸素を生成する生物の中から，コケ植物，シダ植物，種子植物を除いたまとまりである．

　植物は，25億年間続いた海中での生活（藻類の時代）から4億年前までに陸上へと生活の場を移し，その後陸上植物として進化していった（図6.1）．植物が陸上で生存するための必須条件は，植物体の水分を保持するためのクチクラ層の発達と水分吸収のための維管束系の発達という，2つの基本的特徴をもつことであった．

　古生代には，原始的な維管束植物が陸上へ進出し（下等維管束植物の時代），その後5千万年の間にヒカゲノカズラ類やトクサ類などの下等維管束植物は，根，茎，そして葉を発達させて大きくなった．その結果，3億5千万年前の石炭紀には地球上で最初の森林が木生シダ[注]などによってつくられた．

　　[注] 木生シダは，数種が日本の暖地に現存していて，その1つであるヘゴ（図6.2）は熱帯から亜熱帯に分布している．

　中生代の三畳紀には気候は乾燥化し，シダ植物に代わって乾燥した環境に耐えるソテツやイチョウなどの裸子植物が繁茂した（裸子植物の時代）．下等維管束植物は湿った環境でしか繁殖できなかったが，裸子植物は保護用の皮膜に包まれた種子をもつために乾燥した条件にも耐えることができた．現在，世界の各地で美しい自然景観を形造っている針葉樹類は，裸子植物の最大の分類群である．このような針葉樹の直接の祖先は，石炭紀末からジュラ紀初めに存在したウォルチア

6.1 地球上での森林の形成　83

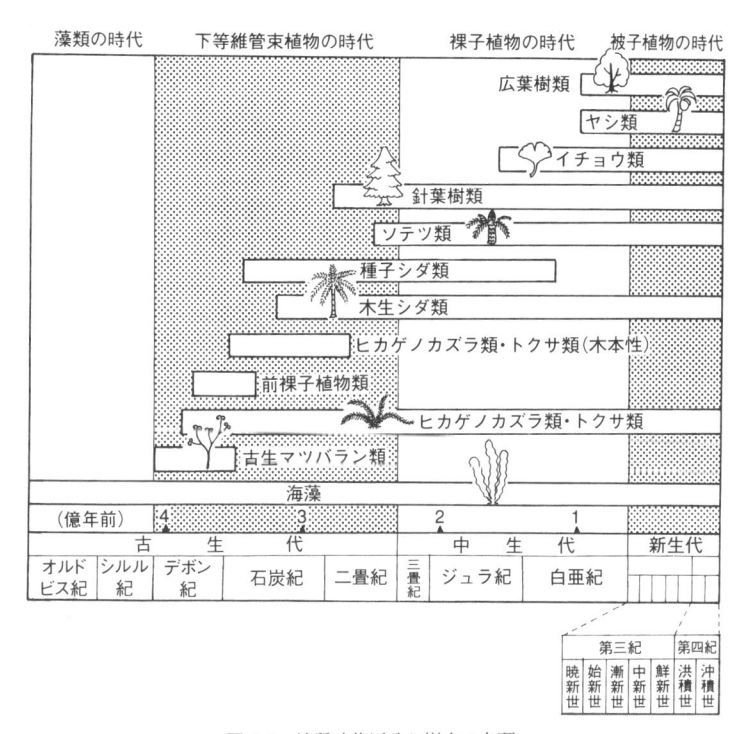

図 6.1　地質時代区分と樹木の台頭

図 6.2　台湾大学実験林渓頭森林遊楽区のスギ林内のヘゴ

類[注]で,現生の針葉樹類は三畳紀末からジュラ紀の中頃にはほぼ出そろったと考えられている.

[注] その概観は,現在のナンヨウスギ(図6.3)とほぼ一致する.

ジュラ紀には被子植物が現れ始め,白亜紀に入るとカシやカエデ類が地球上で優越するようになった.そして,新生代には被子植物が進化し,効率的な生殖方法をとる多くの被子植物は蜜を求める昆虫類や鳥類を誘い,これが知らず知らずのうちに受粉を助けて植物の多様性を高めていった(被子植物の時代).

中生代から新生代第三紀の地球は,温暖で湿潤な気候であったため,グリーンランドにも熱帯性〜亜熱帯性の木生シダ,ソテツ,イチョウ,セコイア,ヤシ,アコウ,クス,ユーカリ,ブナ,ホオノキなどの樹木が生育し,地球上の各地でのフロラ[注]にはあまり違いがなかった.

[注] flora,ある一定の地域に生育する植物種の構成をさす.

新生代第三紀中新世から鮮新世になると,北半球の中部以北では上記樹種は減少し,落葉広葉樹が主な構成要素となっていった.北半球にはブナ・ナラ・カエデ,カヤ・ユリノキ・スズカケノキ(北米・東亜),セコイア(北米),イチョウ(東亜),コウヤマキ(日本),などが3大陸に共通して生育していた(カッコ内は

図 6.3 世界3大庭園樹の1つのナンヨウスギ(台湾)

図6.4 カナディアン・ロッキーの壮大な氷河と針葉樹林

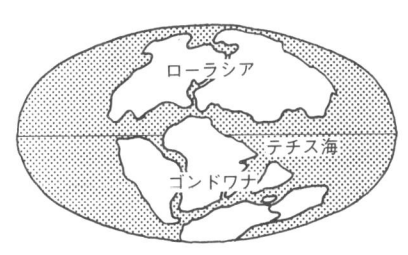

図6.5 地球上の大陸の移動（中生代ジュラ紀）

現在の地理的分布)．

　新生代第四紀更新世(洪積世)から完新世(沖積世)にかけて，ギュンツ，ミンデル，リスおよびウルムの4回以上の寒冷気候が襲来して，北半球では氷河が広く発達した(大氷河時代)．そして，北半球中部以北の地域では，このような厳しい氷期の影響を受けて(図6.4)，現在の植物の地理的分布が形造られていった．

　いっぽう，地球の地形は，2億年前の中世代三畳紀以前は1つの塊であった(パンゲア大陸)と仮想される．この仮想大陸は，ジュラ紀頃から北のローラシア大陸と南のゴンドワナ大陸の2大陸に徐々に分離し始めた(図6.5)．そして，白亜紀から新生代第三紀にかけて中南米とアフリカとの間に入った割れ目から大陸の分離が更に広がり，南米，南極，オーストラリアと連続していた陸地がアフリカやアジア大陸から分離していった．

　このような地形の変遷とフロラの関係をみると，陸地の分離の時期が遅れれば

遅れるほど両地間に共通するフロラが多くなっている．すなわち，欧州，アジア，北米の北半球3大陸のフロラはかなり近縁で，南米と東亜熱帯のフロラはいちじるしく異なっている．

新生代第三紀後半から第四紀にかけては，気候の変化と地形の変化とが相まって，寒地植物が南下したり，あるいは暖地植物が北上したりすることをくり返して，今日のようなフロラができたものと思われる．新生代第四紀を経た現在，北半球3大陸にはブナ，ナラ，カエデ，シナノキが共通して分布している．

6.2 森林の生物

地球上では，30数億年前に初めて生命が誕生したが，その時の生物は1つの形であったのか多様な形であったのかは明らかではない．しかし，その後，生物はきわめて長い年月をかけて進化してきた．そして，この30数億年にわたる進化の過程を経て地球上の生物は多様化し，現在150万種が知られている．しかし，実際に地球上に存在する生物の種数は，その数十倍ではないかと推測されている．

この生物の生活する場所を生物圏 biosphere という．生物圏は地球全体として見れば地球表面の薄い層だが，ここではさまざまな生物がそれぞれの生活環境，すなわち光・水・大気・温度・土などの環境要因（無機的自然）に適応して，生物どうしが互いに関係をもちながら（有機的自然）ひとつのまとまりを作っている．これが生態系 ecosystem である．

18世紀に入って，Linné（スウェーデンの博物学者）は生物の種を初めて科学的に記載した．当時は，あらゆる生物は動物か植物のいずれかに属するという考え方が一般的であったが，その後微生物が発見されてからは，生物界を3界，4界，5界，あるいは新しく2界に分ける説などが提案されている（表6.1）．

植物は，生態系で太陽のエネルギーを利用して光合成を行い，無機物から有機物を作り出すことのできる地球上で唯一の生物である．したがって，生産者と呼ばれる．この生産者が作り出した有機物に依存して生活しているのが動物などの消費者で，また，植物の落葉や落枝，あるいは動物の排泄物や遺体などの有機物を分解して再び無機物とするのが菌類などの分解者である．生物は，このように生態系における役割によって生産者，消費者，分解者に分けて考えることができる．地球上のバイオマス（biomass，生物体量）は，動植物含めて1.8兆ton（乾重）で，このバイオマスの9割は森林に存在し，とりわけ熱帯林の占める割合は

表6.1 生物界

2界説 (Linné)	3界説 (Haeckel)	4界説 (Copeland)	5界説 (Whittaker)	新2界説 (Allsopp)
植物	原生生物	細菌類	細菌類	原核生物
		原始生物	原生生物	真核生物
			真菌類	
		植物	植物	
動物	動物	動物	動物	

表6.2 地球上のバイオマス

生態系	面積 ($\times 10^6$ km^2)	生物体量（乾重） ($\times 10^9$ t)
森林	57	1,700
(熱帯林	25	1,025)
農耕地	14	14
その他の陸地	78	123
(野生生物		1)
海洋	361	4
合計	510	1,841

大きい（表6.2）．このように，森林は生物圏の中でいちじるしく重要な役割を果たしている．

6.3 植物の分布

　地球上の植物は，現在知られているだけでも25万種に及ぶ種に分化している．わが国の維管束植物[注]は，裸子植物41種，被子植物4,770種，シダ植物751種で，合わせて5,500種余ある．そして，これらの植物はさまざまな場所で生育している．

　　[注] 維管束植物は，体中に維管束をもつ植物の総称で，種子植物とシダ類を一括した際に用いられる．種子植物は，胚珠が心皮に被われるか否かによって裸子植物と被子植物に区分される．

　「ところ変われば植物が変わるのは何故だろうか」．このような学問は，植物の種あるいは群落の分布を研究の対象とする植物地理学によって研究されてきたが，その源流は自然物の記載についての学問，すなわち博物学[注]に遡る．

　　[注] natural history, 自然物の種類，分布，性質，生態などの記載に関する学問．

　Aristoteles以来の博物学は，Humboldt（ドイツの植物地理学者）によって，

一区切りを迎える．彼は，南米大陸旅行記（1805〜08）を著し，植物を分類学的種を離れて植物の生活形 life forms により分類し，植物の分布についてその後の植物群落の基礎となる群集 association の考えを示した．その後，Humboldt の南米旅行記を読んで大きな刺激を受けた Darwin（イギリスの博物学者）は，その跡を辿ってビーグル号による世界一周の探検旅行に出かけ，種は隔離された島々でそれぞれ異なる生活をしているうちに別の種に進化していくという適者生存の考え方を「種の起源」(1859) で著した．そして，これがその後の進化論の中心的な考え方となっていった．Humboldt の考えを発展させ，近代植物地理学の基礎を築いたのは，Grisebach（ドイツの植物生態学者）である．彼は，1872 年に植生の基本単位として新しい生活形を提案して，これが現在の相観[注]の基本単位となっている．その後，植物地理学は，植物区系地理学，植物生態地理学，歴史的植物地理学へと分化していった．

[注] physiognomy，植物群落の生育している概観や様相を示すもので，高木，低木，草本などの群落の生活形，常緑や落葉，針葉樹や広葉樹などの因子が相観を決定する要因となる．

植物区系地理学 floristic plant geography は，植物の種類をもととした地理的区分を明らかにするものであり，その研究は Engler（ドイツの植物分類学者，1844〜1930）に代表される．彼の植物分類体系と世界の植物区系の分類は，その根幹が今日でも用いられている．

植物生態地理学 ecological plant geography は，地理的条件による環境の差異と群落の分布を明らかにするもので，Warming（デンマークの植物生態学者）と Schimper（ドイツの植物地理学者）に代表され，1890 年代に彼らによって群落の分布が優占種の生活形に基づいて類型化された．

歴史的植物地理学 historical plant geography は，植物の分布は現在の気候によって説明されるだけでなく，歴史的な時間の連続のなかで捉えられなければならないとする考え方である．たとえば，東亜と南米の熱帯多雨林は気候・土壌などの環境条件がよく似ており，相観もほぼ同一であるが，森林を構成する植物の種類はまったく異なっている．このような現象に歴史的な観点から説明を与えることができる．

「ところ変われば植物が変わる」ことは，すでに述べたように，それぞれの場所に生育している植物がそれぞれの独自な歴史をもち，同時に，地形，気候などに

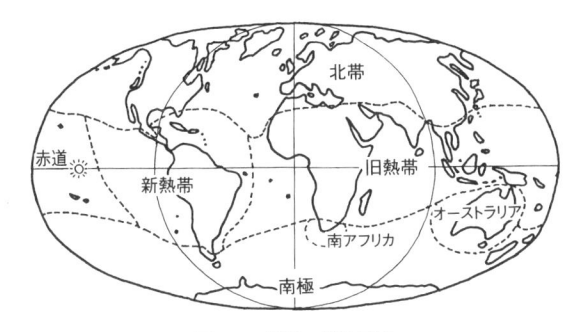

図6.6 世界の植物区系

よって生育環境が変わればそれに応じて植物の種類も変わるということである．よく似た植物の分布している地域を地理的にまとめて植物区系(floral region)とよぶ．今日普通に用いられている植物区系はEnglerの区分を修正したものである．その代表的な地域区分を示すと以下のとおりである（図6.6）．なお，植物区系は，区系界（kingdom），区系域（region），区系区（district），区（province）に細分される．

北帯植物界(Boreal Kingdom)　北方系の植物群と温帯系の植物群で，マツ，カラマツ，モミ，ヤナギ，サクラ，カエデなどに代表される．

旧熱帯植物界（Palaeotropical Kingdom）　きわめて多様な植物が含まれ，バナナ，ヤシ，チーク，フタバガキ，コショウなどに代表される．

新熱帯植物界(Neotropical Kingdom)　サボテン科，パイナップル科の植物に代表される．

南アフリカ植物界（South African Kingdom）　フロラの内容がきわめて特異で，ツツジ科エリカ，ツルナ科マツバギク，ヤマモガシ科，ユリ科アロエなどの植物に代表される．

オーストラリア植物界（Australian Kingdom）　耐乾性の木本植物で，アカシア，ユーカリなどの樹木に代表される．

南極植物界（Antarctic Kingdom）　ブナ科ナンキョクブナ[注]に代表される．

　　[注] 北半球のブナ属に対し，南半球にはナンキョクブナ属が45種あり，ブナ属より暖かい場所に生育し，落葉樹と常緑樹の両方がある．

6.4 裸子植物とマツ科樹木

裸子植物は，3〜4億年前に地球上に現れて中世代に繁茂した植物である．新生代に入って衰退に向かっているとされるが，これは地史レベルの話であって，現在も世界に10科60属600種，わが国には9科18属41種が分布している（表6.3）．

表6.3 世界の裸子植物

ソテツ綱（イチョウ類）
 ソテツ科9属90種．熱帯，亜熱帯に分布．わが国にはソテツ *Cycas* 1属1種．
 イチョウ科1属1種．東アジアに分布．わが国にはイチョウ *Ginkgo* 1属1種．
球果植物綱（針葉樹類）
 マツ科9属220種．北半球の亜寒帯〜暖帯，主として温帯に分布．わが国にはカラマツ *Larix*，マツ *Pinus*，モミ *Abies*，トウヒ *Pices*，ツガ *Tsuga*，トガサワラ *Pseudotsuga* の6属23種．
 スギ科8属14種．北米，東アジア，タスマニアに分布．わが国にはスギ *Cryptomeria* 1属1種．
 コウヤマキ科1属1種．日本特産，コウヤマキ *Sciadopitys* 1属1種．
 ヒノキ科18属10種．世界各地に分布．わが国にはネズミサシ *Juniperus*，ヒノキ *Chamaecyparis*，ネズコ *Thuja*，アスナロ *Thujopsis* の4属9種．
 マキ科7属100種．主として南半球に分布．わが国にはマキ *Podocarpus* 1属2種．
 イヌガヤ科1属8種．東亜，ヒマラヤに分布．わが国にはイヌガヤ *Cephalotaxus* 1属1種．
 ナンヨウスギ科2属30種．主として南半球に分布．
イチイ綱
 イチイ科5属20種．北半球に分布．わが国にはイチイ *Taxus*，カヤ *Torreya* の2属2種．

針葉樹類は，地球が比較的温暖・湿潤な気候であった新生代第三紀の時代には広く北極域にまで分布していたが，第四紀の寒冷気候に適応してその分布は，現在，マツ科のマツ属，トウヒ属，カラマツ属などの針葉樹類は亜寒帯の北方針葉樹林を構成し，マツ科のツガ属やトガサワラ属，スギ科，ヒノキ科などの針葉樹類は温帯の針葉樹林を構成している．

北半球の暖帯から亜寒帯にかけてもっとも重要な森林はマツ科樹木[注]から構成されている．マツ科には，世界に9属220種があり，北半球に広く分布している．わが国の森林を構成する主要な樹木は，アカマツ，トドマツ，エゾマツ，カラマツで，いずれもそれぞれマツ属，モミ属，トウヒ属，カラマツ属のマツ科樹木である．世界の林業上重要な森林樹木は，ヨーロッパではヨーロッパアカマツ，ドイツトウヒ，ヨーロッパカラマツ，北米ではストローブマツ，そして，トウヒ属，ツガ属，トガサワラ属樹木などがあり，マツ科樹木の枚挙にいとまがない．

6.4 裸子植物とマツ科樹木

(注) 世界のマツ科樹木の検索
1．長枝と短枝をもつ．葉に針葉と鱗片葉の2種がある──マツ属 *Pinus*
1．長枝のみかあるいは長枝と短枝とをもつ．共にある場合には，長枝は枝の上に針葉を1個1個つけ，短枝はその先に多数の針葉が集まってつく
　2．長枝のみがある
　　3．葉痕は隆起しない．葉は扁平．球果は直立──モミ属 *Abies*
　　3．葉痕は隆起する
　　　4．若枝は褐毛を密生する．球果は直立──ユサン属 *Keteleeria*
　　　4．若枝は無毛で時に散生
　　　　5．葉は鋭頭，扁平，または4稜がある．葉痕は目立って隆起する──トウヒ属 *Picea*
　　　　5．葉は凹頭，扁平．葉痕はわずかに隆起する
　　　　　6．葉身と葉柄とはほぼ直角に近い角度をなす──ツガ属 *Tsuga*
　　　　　6．葉身と葉柄とは一直線をなす──トガサワラ属 *Pseudotsuga*
　2．長枝と短枝とがある
　　3．葉は4稜を有する鋭針形．常緑──ヒマラヤスギ属 *Cedrus*
　　3．葉は扁平．落葉性
　　　4．葉の長さは普通1〜2 cm．真直──カラマツ属 *Larix*
　　　4．葉の長さは普通3〜6 cm．弓状──イヌカラマツ属 *Pseudolarix*
　　なお，中国特産でカラマツに似たギンサン（銀杉）*Cathaya*（1属1種）とツガに似たノトツガ *Nothotsuga*（1属1種）を加えてマツ科を11属とすることがある．

　マツ属樹木の起源は，今から約1億7千万年前の中生代の化石に遡ることができる．アラスカとシベリアが陸続きであったベーリング海域にその源を発し，地球が比較的温暖であった新生代第三紀の時代に，原産地のベーリング海から，西はシベリアに，東は北米大陸に，また，グリーンランドやアイスランドを経て北欧へと，北極を取り巻く形でその分布域を拡大していった．そして，太平洋を取り囲むアジア，アメリカ両大陸を南下していった．このような第三紀の時代の北極圏を起源とする植物群を第三紀周（北）極植物というが，この時期の樹木には，マツ属樹木のほかにイチョウ，セコイアなどの針葉樹，ヤナギ，ブナ，コナラ，クリ，ニレ，カエデ，ミズキなどの広葉樹が含まれ，現在の日本の森林樹木と驚くほど類似している．

　新生代第三紀から第四紀にかけて，インドがユーラシア大陸に衝突しヒマラヤが隆起し始める地殻変動と氷河期などの気候変化がくり返され，高緯度地方に分布していた第三紀周極植物のマツ属樹木は北半球で南下と北上をくり返しながら，地理的に分化していった．

　マツ属樹木の葉は，短枝上に1本から7〜8本の針葉がつき，樹種によってそれぞれ針葉の本数が異なっている．一般に，クロマツなど短枝上に2本の針葉をもつものを二葉マツ，ポンデローサパインなど3本の針葉をもつものを三葉マツ，

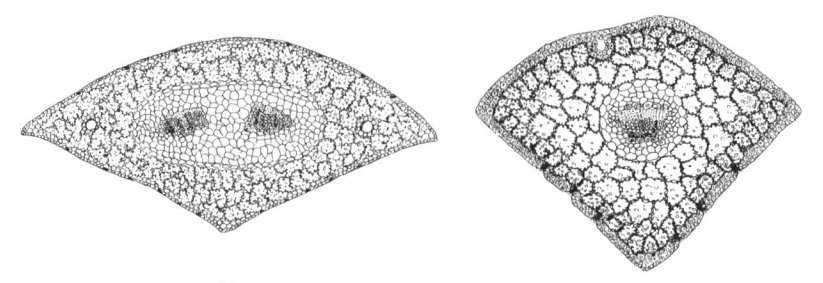

図 6.7 マツ属維管束の断面（Farjon, 1984）
複維管束類（左）と単維管束類（右）

ゴヨウマツなど5本の針葉をもつものを五葉マツとよんでいる[注]．分類学上では，二葉マツ，三葉マツの葉の横断面には2つの維管束があり，五葉マツには1つの維管束があるので，それぞれ，複維管束類 diploxylon，単維管束類 haploxylon とよばれて区別されている（図6.7）．

[注] 二・三葉マツは材が黄色味を帯びて硬いので hard pine（あるいは yellow pine）とよばれ，五葉マツは材が白く軟らかいので white pine（あるいは soft pine）と一般によばれる．

わが国のマツ属樹木の検索は以下のとおりである．
1．短枝には2針葉．葉の中の維管束は2個
　2．冬芽の鱗片は白色．樹皮は暗黒色——クロマツ P. thunbergii
　2．冬芽の鱗片は赤褐色
　　3．樹皮は上部は赤褐色，下部は暗赤色——アカマツ P. densiflora
　　3．樹皮は灰黒色——リュウキュウマツ P. luchuensis
1．短枝には5針葉．葉の中の維管束は1個
　2．種子に翼がない
　　3．低木で茎や枝は地を這う——ハイマツ P. pumila
　　3．高木で直立
　　　4．若枝に軟毛——チョウセンゴヨウ P. koraiensis
　　　4．若枝はほとんど無毛——ヤクタネゴヨウ P. armandii
　2．種子に普通翼がある——ゴヨウマツ P. parviflora

6.5　世界の森林と気候帯

世界の植生を気候分類の観点から最初に位置づけたのはドイツの気候学者 Köppen である．植物の生育にとって気温と雨量は決定的な要因であり，これは乾湿度として表される．気候の乾湿度は必ずしも雨量の多少そのものではなく，た

図 6.8 中国黄土高原のステップから毛烏素砂漠の景観

とえば同じ雨量であっても気温の低いカナダでは森林となり気温の高いインドではサバナとなるように,植生は気温と雨量の双方に影響される.また,雨が多く降るのが高温の夏か低温の冬かでも植生はいちじるしく変化する.そこで,Köppenは年降水量(P mm)と年平均気温(T°C)を用いて乾燥限界式(ケッペンの指数K)を提案し(1900〜1936年),従来,回帰線(南北緯度23度27分)と極圏(南北緯度66度30分)によって区分されていた熱帯・温帯・寒帯の3気候帯に,さらに乾燥帯・亜寒帯の2気候帯を加えて5気候帯に区分した.すなわち,K指数として,1年中雨の多い場合は$P/2 (T+7)$,夏に雨が多い場合は$P/2 (T+14)$,冬に雨が多い場合には$P/2 T$を用い,K指数10以下をステップ気候と砂漠気候の乾燥帯とした(図6.8).K指数10以上では,最暖月の平均気温10°C以上で,最寒月の平均気温が18°C以上を熱帯,最寒月の平均気温が18°C〜−3°Cを温帯,最寒月の平均気温が−3°C未満を亜寒帯とし,また,最暖月の平均気温が10°C以下を寒帯に区分した.

いっぽう,吉良(1945)は,植物が年間を通じて正常な成長を行うためには,植物種に固有なある閾値以上の温度の持続が必要で,この閾値以下の温度が限度を超えると植物の生育が制限されると考えた.そして,暖かさの指数(warmth index, WI)と寒さの指数(coldness index, CI)を提案した[注].この指数はその簡便さのゆえに現在広く用いられている(図6.9).

[注] 暖かさの指数 = Σ(月平均気温 − 5°C),ただし,正の値の積算
　　 寒さの指数 = −Σ(5°C − 月平均気温),ただし,正の値の積算

植生の分布を制限する気候要因については,このほかにもいくつかの提案があ

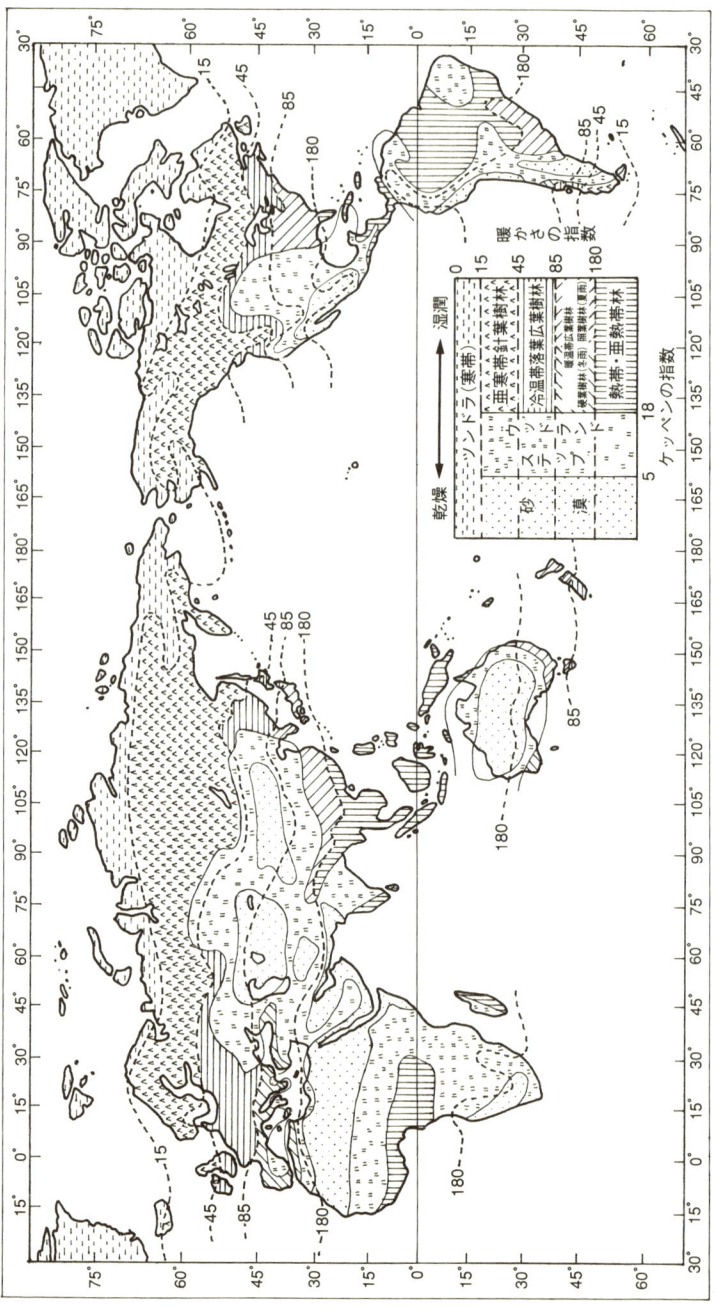

94 6. 森林における生物の多様性

図 6.9 気候と森林帯

るが，いずれも気温と降水量に着目したものである．

　世界の森林を概観してみると，相観的には，常緑広葉樹林（熱帯多雨林，照葉樹林，硬葉樹林），落葉広葉樹林（雨緑樹林，夏緑樹林），常緑針葉樹林，落葉針葉樹林に分けることができる．

　このような森林を熱帯・亜熱帯，暖（温）帯・(冷) 温帯，亜寒帯の各気候帯と関連づけると以下のように区分される．

a．熱帯・亜熱帯 (tropical, subtropical forest)

熱帯多雨林 (tropical rain forest)—**湿潤気候**　　東南アジア，中央アフリカ，アマゾン流域に分布し，構成植物の種類がもっとも多く優占種は明らかでない．フタバガキ科，マメ科，キョウチクトウ科，マングローブ林[注]などの常緑広葉樹林が生育する．

　　[注] mangrove forest, 熱帯および亜熱帯の海岸や河口の一部の潮間帯泥地に生える常緑林の総称で，ヤエヤマヒルギ，メヒルギ，オヒルギなどのヒルギ科樹木からなる森林．

雨緑樹林 (rain green forest)，**季節林** (seasonal forest)，**モンスーン林** (monsoon forest)—**準湿潤気候**　　東南アジア，オーストラリア東部，南米東部，とくに，雨季と乾季が明らかなアジア季節風（モンスーン）地方に広く分布し，熱帯多雨林とは異なり明らかな優占種をもつ．オーストラリア東部ではユーカリ，アフリカ中部ではアカシア，その他チーク林などの落葉広葉樹林が生育する．

b．暖（温）帯 (warm temperate forest)

照葉樹林 (laurel forest)—**湿潤気候**　　アジア東南部，北米南東部（フロリダ半島），ニュージーランドなどに分布し，ブナ科[注]，クス科，サザンカ科などの常緑広葉樹林が生育する．

　　[注] 北半球で，裸子植物についで広大な面積を占めるのはブナ科の樹木である．ブナ科樹木は落葉または常緑の高木で，薪炭材として利用され，また，オーク（コナラ属樹木）は家具材として，クリ属，シイ属，ブナ属樹木の堅果は食用として利用されてきた．

硬葉樹林 (sclerophyllous forest)—**地中海性気候**　　夏季に降雨量が少なく，冬季に降雨量が多い温帯地方に分布する．地中海地方ではコルクガシ，オリーブ，マツ類，ビャクシン類，南アフリカのケープ地方ではヤマモガシ科樹木，オーストラリアではユーカリ，ヤマモガシ科樹木，カリフォルニアはカシ類，ヤマモガシ科，バラ科の樹木が生育する．

暖帯夏緑樹林（warm temperate summer green forest）—**準湿潤気候**　準湿潤気候の地域では，熱帯・亜熱帯の雨緑樹林から暖帯に入ってきても，ナラ類，クリ類などの落葉広葉樹林が引き続き出現する．そこで，（冷）温帯の落葉広葉樹林とともに夏緑樹林と呼ばれる．

c．（冷）温帯（cool temperate forest）

温帯夏緑樹林（cool temperate summer green forest）　北米東部，ヨーロッパ中部に分布し，湿潤気候ではブナ，準湿潤気候ではシナノキ類，カエデ類，ニレ類，ナラ類などの落葉広葉樹林が生育する．

温帯針葉樹林（cool temperate coniferous forest）　夏緑樹林に混じってモミ類，ツガ類，スギ類，ヒノキ類，トガサワラ類，アスナロ類，セコイア類（北米ロッキー山脈以西）などの常緑針葉樹が生育する．

d．亜寒帯（subfrigid forest）

北方針葉樹林（boreal coniferous forest），**タイガ**（taiga[注]）　東シベリアを除いた亜寒帯全域に分布し，トウヒ類，モミ類などのほか，マツ類，カラマツ類，カンバ類樹木が生育する．

[注] ロシア語でシベリア地方に発達する針葉樹からなる大森林をいう．北緯50°〜70°に分布する．

落葉針葉樹林（deciduous coniferous forest）　東シベリアのような準乾燥気候における極相で，ダフリアカラマツが生育する．

6.6　熱帯林と東南アジアの熱帯多雨林

a．熱帯林

熱帯林とは熱帯地域（亜熱帯は南北緯30℃までの地域）に分布するさまざまな森林をさす．これらの森林のタイプを決定する要因は，樹木にとって十分な雨量が得られるか否か，すなわち乾季の長さにある．乾季の定義は難しいが，熱帯では月降水量が100 mm以下になると樹木に水不足の兆候が現れ始め，50 mm以下になると樹木の生活は休止状態に近づくと考えられている．したがって，月降水量が100 mm以上の月が続く低地では，原生林は典型的な熱帯多雨林となる．Walterの気候図（図6.10）は横軸に12カ月，縦軸に気温10℃に対して月降水量

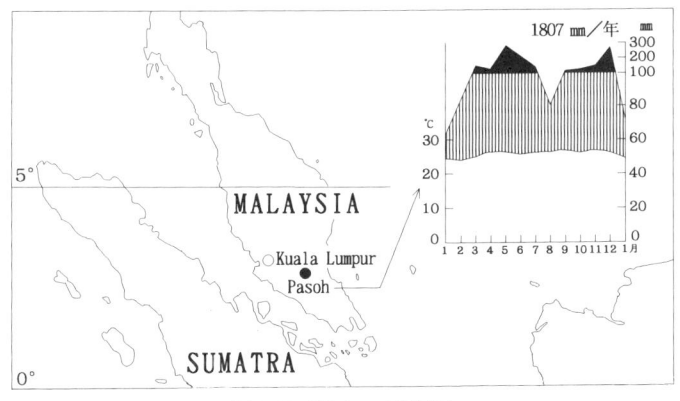

図 6.10 Walter の気候図

20 mm の値をとるもので，季節的な気象環境をみごとに表している．すなわち，月平均降水量 100 mm 以上では植物に水不足は起こらないと考えて黒く塗りつぶし，それ以上の降水量を 1/10 に縮小して表し，月平均降水量 100 mm 以下では何らかの水不足が生ずると考えて，細線部で示している．

このような雨量と降雨期間の違いにより，森林のタイプは，熱帯多雨林（湿潤気候帯），熱帯季節林（準湿潤気候帯），サバナ林（準乾燥気候帯：狭義の森林には入らない）とに分けられ，それぞれ森林の相観が異なる．

熱帯多雨林　月平均降水量 100 mm 以下の月がほとんどない．
熱帯季節林　月平均降水量 50 mm 以下（乾季）の月がある．
　　熱帯常緑季節林　　　　　　　　　　　乾季が 1～2 カ月
　　熱帯半落葉季節林　　　　　　　　　　乾季が 3～4 カ月
　　熱帯落葉季節林（雨緑樹林，モンスーン林）　乾季が 5 カ月以上

熱帯多雨林　熱帯多雨林は当初「常緑，好湿性，樹高は少なくとも 30 m か一般にはそれ以上で，太い茎をもつつる植物に富み，草本のみならず木本性の着生植物も豊富である」(Schimper, 1903) と定義されたが，この考えはその後も多くの学者が用いてきた熱帯多雨林の概念[注]である．地球上の熱帯多雨林は，ボルネオ島を中心とした東南アジア地域，アフリカ大陸コンゴ河流域から象牙海岸にいたる地域，およびアメリカ大陸アマゾン河流域の 3 地域にある．

[注] 熱帯多雨林は，構成種数の多さ，高木特有の生活形（まっすぐに伸びた幹と小さな樹冠），木本植物の優占，板根・支柱根・幹生花，しめ殺し植物（着生植物）などに特徴をもつ．

熱帯多雨林の特徴は，森林を構成する植物の種類の多さである．たとえば，マレー半島南部のパソーの森林では，2 ha の森林の調査で胸高直径 10 cm（地上高 1.2 m の位置の幹の直径）以上の木は 1,169 本で樹種数は 277 種であったが（ha 当たり 114 種），そのうちもっとも多かった樹種の個体数は 60 本で，約半数の 114 種の樹種は 2 ha に 1 本しか生育していない．このように，熱帯多雨林では 1 ha に同種の樹木が 1 本，あるいはせいぜい 2〜3 本しか見出せないのが特徴である．このような森林では，一度ある種類の樹木を見逃したら，もう一度その樹種に出会える可能性はきわめて少ない．これを，日本の森林と比べてみると，温帯林としてはもっとも植物の種類の豊富な照葉樹林の奈良県春日山の天然林では樹種数は 250 ha の調査で 50 種（ha 当り 0.2 種）で，熱帯多雨林がいかに桁はずれて多様な植物種をもつ世界であるかがわかる．

また，熱帯多雨林の樹木は背が高く，特に，樹幹の太さの割りには樹高が高いという特徴をもつ．樹高 40〜60 m の巨大高木が散在して，高さ 20 m 前後の樹木が樹冠をぎっしりとつめている（図 6.11）．天井をなす高木層の下にも，高さ 10 m あたりに小高木層がある場合が多い．このように，熱帯多雨林では高木層を 3 層[注]に分けることができ，低木層と地表層を合わせて 5 層の階層構造をもつ．

[注] 層分けの樹高には差異があるが，巨大高木層 40 m 以上，大高木層 20〜35 m，小高木層 5〜15 m 前後に分けられる．

図 6.11　マレー半島パソーの熱帯多雨林

熱帯多雨林から熱帯落葉季節林への移行は連続的で，場所によって様相が異なる．一般的には，降水量が少なくなるほど樹木の高さが低くなり，高木層から低木層へかけて順次密度が低下し，同時に高木層から落葉性の樹種の割合が増えていく．

熱帯常緑季節林　乾季が2～3カ月あるいはそれ以上続く地域でも常緑の森林ができるが，このような森林は熱帯多雨林とは異なり，熱帯常緑季節林とよばれる．このような森林では熱帯多雨林で見られるようなうっぺいした層の上に突出する巨大高木層がまったく存在せず，森林最上層の高さもせいぜい20m前後である．また，高木層を形成する樹木はかなり厚い樹皮をもっていて乾燥に耐える性質を示している．

熱帯落葉季節林　熱帯では，一般に気候が乾燥するほど降水の時期が集中するようになり，乾季と雨季の区別がはっきりしてくる．南アジアと東南アジアは，ほぼ半年ごとに南西季節風（4月～10月）と北東季節風（11月～3月）によって規則的に風向きが逆転する典型的なモンスーン気候である．海洋側から風の吹き込む季節（南西季節風）が雨季，内陸から風の吹く季節（北東季節風）が乾季である．乾季の長さが3カ月以内なら常緑樹林が成立するが，乾季がこれ以上長くなると落葉樹の割合が多くなる．乾季が4～6カ月続く地域では樹冠が連続してうっぺいした落葉樹林となる．

サバナ林　乾季が6～8カ月続く地域，あるいは乾季の期間がそれ以下でも山腹斜面で地形的に乾燥する地域では，高木層の樹冠は連続せず疎開林が広がる．この疎開林はきわめて明るく，地表はイネ科草原となる．このように地表層がイ

図6.12　タイのサバナ林

ネ科草原になる疎開林をサバナ林とよぶ(図6.12)。サバナ林では，乾季には樹木は完全に落葉し，地表層のイネ科草本も枯れる。そのため，乾季にはほとんど例外なく野火に襲われるので，サバナ林を構成する高木や低木は野火に対して抵抗力のある種から成り立っている。東南アジアではフタバガキ科の数種による優占が目立ち，また，色々な形のとげをもつ高木や低木が見られる。

b．熱帯林の多様なタイプ
山地多雨林
　熱帯多雨林地域の低地では，毎日の平均気温が28℃前後で，昼間と夜間の温度較差は小さい。マレーシアでは，標高400～500mまでは典型的な低地熱帯多雨林が分布するが，標高1,000mになると暖帯に相当する気温と等しくなり[注]，暖帯林に多いシイやカシ類の樹種が増えてくる。この森林を山地多雨林とよぶ。山地多雨林の特徴は，樹上にシダやランなどの着生植物が非常に多く，またコケ類も多いことである。いわゆる，コケ林である。また，熱帯山地の大きな特徴の一つに，ある高さにほとんど1年中雲のかかる雲霧帯がある。雲霧帯では林内は常に過湿な状態になっているため，コケ林となっている。

　　　[注] 標高が100m上昇すると気温は約0.6℃低下するので，1,000mの山地の気温は低地に比べて約6℃低くなり，暖かさの指数に換算すると72前後小さくなる。

湿地林
　湿潤熱帯では，湿地林など水中に成立している森林が目につく。湿地林の樹木は，気根などその立地条件に対応した特有の形態を備えたものが多く，優占種がはっきりした，あるいはほとんど特定の種だけの純林となっている場合が多い。熱帯の湿地林は，貧栄養の泥炭湿地林と中～富栄養の淡水湿地林の2つに分けられる。

マングローブ林
　河口付近などで淡水と海水の混じりあう汽水域に成立する森林で，遠浅の海の中に進出している森林がマングローブ林である。マングローブ林の立地条件で陸上の森林と異なる点は，土壌中の塩分濃度の高いこと，土壌の通気が悪く無酸素状態であることの2点である。マングローブ林が大規模に発達するのは，淡水の流入と泥土の沈積がいちじるしい大河川の河口付近であるが，マレーシア半島では，マングローブ林が幅十数km長さ50kmに及ぶ（図6.13）。

図6.13 マレーシア半島マタンのマングローブ林

熱帯ヒース林，ケランガス林[注]

[注] Kerangas forests, ケランガスとは米も育たぬの意.

熱帯多雨林地帯でも，土質が珪砂でできている場所には，熱帯ヒース林とよぶタイプの森林が見られる．ヒース林の地表層は，貧栄養で，有機物の分解が遅く，多量の未分解有機物が集積している．また，土壌断面を見ると，大量に集積した真白な珪砂があるが，その概観が亜寒帯針葉樹林やヒース林[注1]のポドゾル[注2]といわれる土壌に似ているので，この土壌は熱帯ポドゾルとよばれている．

[注1] heath forests, ツツジ科の低木の茂った荒野.
[注2] podzol, シベリアやカナダ等の主に針葉樹林帯に分布し，ヒースや草原にも見られる．主に，寒冷・湿潤な気候下の乾きやすい場所に分布し，熱帯でも堆積腐植層が厚くたまる場所に形成される．ポドゾル化作用とは，土壌微生物の有機物分解活動が抑制され，表層の鉄やアルミニウムが水溶性の有機物に溶かし出されて下層に集積することで，この作用は強い酸性条件下で進行する．

c．東南アジアの熱帯多雨林

多様な生物の生息する熱帯多雨林の中でもボルネオ，スマトラ，マレーシア，フィリピンの低地林に分布する東南アジアの森林は，林冠の高さが60〜70 mに達し，しかも高木層をフタバガキ科の樹木が優占しているきわめて特異な存在である．樹木の種類構成がきわめて多様な熱帯で，このように1科の樹木が特別に栄えるということはかなり特異な現象であって，南米アマゾンや赤道アフリカの

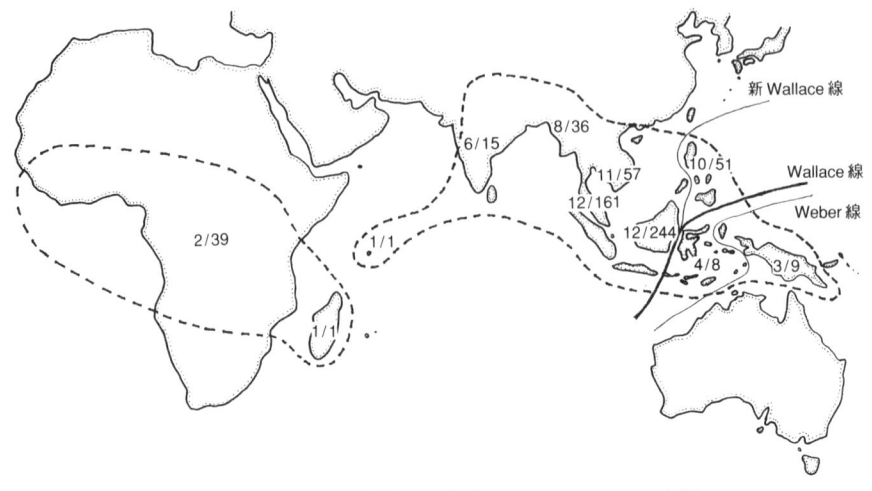

図 6.14 フタバガキ科樹種の分布（Symington 1943 より改変）
図中の表示は 属/種

熱帯では見られない．このような相違は，アマゾンやアフリカの熱帯多雨林は氷河期に気候が乾燥して植物の逃げ込み場（レフュジア refugia）であった場所が現在の熱帯多雨林となったのに対し，アジアの熱帯多雨林は氷河期にもきわめて安定した気候環境であったため，当時から現在の多様な森林が維持されてきたと考えられている．フタバガキ科の樹木は，インド，ビルマ，タイ北部の熱帯季節風にも数種が分布しているが，これらは乾季に落葉し，樹高も低い．ボルネオ，セレベス両島間のマカッサル海峡には生物の分布境界線として有名なウォーレス線[注]が通っていて，フタバガキ科もこの線を境に，それより東では極端に種類数が少なくなる．たとえば，フタバガキ科樹種はボルネオでは 12 属 244 種であるのに対し，セレベスでは 4 属 8 種しか存在しない（図 6.14）．

[注] Wallace's line，旧熱帯植物界とオーストラリア植物界の境界であるが，その後生物の分布境界線として新ウォーレス線やウェーバー線が検討された．

垂直的な植生の分布をみると，マレーシアでは低地から山地に向かうに従って低地フタバガキ林（～300 m），丘陵フタバガキ林（～750 m），上部フタバガキ林（～1,200 m）が分布し，1,500 m を境として下部に山地カシ林，上部に山地シャクナゲ林が分布している．

フタバガキ科 *Dipterocarpaceae*[注] には 17 属約 560 種があり，そのほとんどの樹種が常緑であるが，少数の種は落葉性である．葉は単葉で互生，普通は楕円形

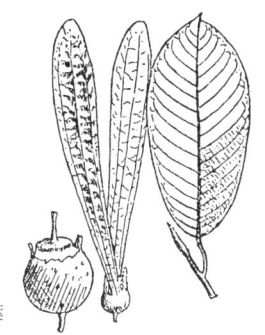

図 6.15 フタバガキ科アニソプテラ属樹木の種子と葉

で，その大きさは長さ数センチからうちわ大であり，托葉がある．花弁5，がく片5．果実はどんぐり状の堅果で，多くの種では残存性のがく片が発達して果実を包み，それがやや木化し細長い翼状になっている．この翼の数は属によって異なる．たとえば，アニソプテラ属 *Anisoptera*，フタバガキ属 *Dipterocarpus*，ホペア属 *Hopea* などでは2枚，リュウノウジュ属 *Dryobalanops* では5枚，サラノキ属 *Shorea*，パラショレア属 *Parashorea*，ペンタクメ属 *Pentacme* などでは5枚（うち2枚が通常やや短い）の翼がある．また，どの属でも翼がほとんど発達しない種もみられ，バチカ属 *Vatica* では翼の数に変化が大きいので，翼の数だけで属の区別をすることはできない．

(注) フタバガキ dipterocarpus（二羽柿）という呼称は，「二つの羽根のある（dipterous）果実（carp）」という意味の科名（学名）に由来する（図6.15）．

分類学的にはフタバガキ科は，従来フタバガキ亜科とモノテス亜科の2つに大きく分けられていたが，南米で新属パカライメアが発見（1977）されてからは，フタバガキ科はフタバガキ亜科 *Dipterocarpoideae*，モノテス亜科 *Monotoideae*，パカライマ亜科 *Pakaraimoideae* の3つに大別されるようになった．

フタバガキ亜科は真正のフタバガキ科ともいうべきもので，14属約520種を含み，インド洋上のセイシェル島に1種があるほかは，すべてがインド，セイロンから東の東南アジアからニューギニアに分布するアジア型のフタバガキ科である．いっぽう，モノテス亜科は，モノテス属 *Monotes* とマルクエシア属 *Marquesia* の2属39種がマダガスカル島を含む熱帯アフリカだけに分布している．両亜科の特徴を要約すると以下のとおりである．

〔フタバガキ亜科〕　　　　　〔モノテス亜科〕
熱帯アジアに分布　　　　　　熱帯アフリカに分布
50 m を超える大高木　　　　 数〜十数 m の小〜中高木
熱帯多雨林の主要構成樹種　　サバナに散生的に生育
樹脂道をもつ　　　　　　　　樹脂道をもたない

　パカライマ亜科は，南米ギアナの Pakaraima 地方で発見された *Pakaraimaea dipterocarpacea* 1 種からなる．木材組織の特徴は，*Monotoideae* と共通するところが多く，樹脂道をもたない．シナノキ科に入れるべきだという説もある．

　フタバガキ科樹木の主要な木材はラワン材として知られている．ラワン lauan とは，フタバガキ科の *Shorea*, *Parashosrea*, *Pentacme* 属の木材のうち，比較的軽軟なもののフィリピンにおける通称であり，約 10 種が含まれる．心材の色からこれをレッドラワン，イエローラワン，ホワイトラワンの 3 グループに分けている．いっぽう，インドネシアやマレーシアでは，フィリピンのラワンに相当する樹種を，メランチ Meranti またはセラヤ Seraya とよんでいる．メランチ（マレーシア，サラワク，ブルネイ）とセラヤ（北ボルネオ）は，多くの場合に同意語として用いられている．また，アメリカではラワンをフィリピン・マホガニー[注]とよぶが，これはとくにタンギール Tangile, *Shorea polysperma* から生産される木材の色調，肌目などがマホガニーに似て材質的に優れていることから名付けられたものである．

　　[注] mahogany，センダン科 *Meliaceae* の *Swietenia* 属の樹木で，中米，南米などで生産される．

　東南アジアの熱帯多雨林は，第二次大戦後先進工業国の木材需要の増大と大型機械による大規模な伐出によって，20〜30 年の間に瞬く間にその森林の様相を変えてしまった．現在，世界的に熱帯林の消失に関心が集まる中で，東南アジア各地で熱帯多雨林再生の試みが行われている．　　　　〔鈴木和夫〕

参 考 文 献

Farjon, Aljos (1984). Pines—Drawings and descriptions of the genus Pinus—, 220pp, R. J. Brill, Leiden.
石塚和雄 (1977)．群落の分布と環境，364 pp，朝倉書店．
岩槻邦男 (1993)．多様性の生物学，174 pp，岩波書店．
吉良竜夫 (1983)．熱帯林の生態，251 pp，人文書院．
北村四郎・岡本省吾 (1959)．原色日本樹木図鑑，306 pp，保育社．

木崎甲子郎（1994）．ヒマラヤはどこから来たか，173 pp，中公新書．
小林繁男編（1992）．沈黙する熱帯林，395 pp，東洋書店．
Mirov, N. T. (1967). The genus Pinus, 602pp, The Ronald Press Company, New York.
緒方　健（1971）．フタバガキ科をめぐって（1～5），木材工業，**26**，216-219，266-267，320-321，364-365，412-414．
ペイジ，ジェイク（1985）．ライフ地球再発見―森林―（濱谷稔夫監修），176 pp，西部タイム．
リチャーズ（1952）．熱帯多雨林―生態学的研究―（植松眞一・吉良竜夫訳），506 pp，共立出版．
酒井　昭（1995）．植物の分布と環境適応，164 pp，朝倉書店．
佐々木恵彦（1981）．バイオマス資源とその生産性，69-85，柴田和雄・木谷　収編，バイオマス生産と変換（上），学会出版センター．
佐竹義輔ほか編（1989）．日本の野生植物 I，II，321 pp，305 pp，平凡社．
瀬戸昌之（1992）．生態系，184 pp，有斐閣ブックス．
四手井綱英・吉良竜夫監修（1992）．熱帯雨林を考える，368 pp，人文書院．
鈴木和夫（1991）．世界のマツ，日本のマツの緑を守る 44，6-10．
Suzuki, K. ed. (1995), Bio-Re/afforestation in the Asia-Pacific region, 80pp, BIO-REFOR.
鈴木和夫（1996）．森林における菌類の生態と病原性，森林科学，17，41-45．
Symington, C. F. (1943). Foresters' manual of dipterocarps, 244pp, Syonan-Hakubutukan.
塚田松雄（1974）．古生態学 II，231 pp，共立出版．
上田誠也（1989）．プレート・テクトニクス，268 pp，岩波書店．
山中二男（1979）．日本の森林植生，223 pp，築地書館．
矢澤大二（1989）．気候地域論考，738 pp，古今書院．
吉岡邦二（1973）．植物地理学，84 pp，共立出版．

6.7　森林生態系における動物群集

　地球全体での動物群集の生物量のうち森林動物群集の生物量が占める割合は約3分の1ほどであると推定されている．森林での割合が90％にも達する植物ほどではないが，森林生態系を構成する重要な群集であることはいうまでもない．
　動物群集の種類数は植物に比べていちじるしく多い．とくに昆虫類をはじめとする節足動物の種類数が群を抜いている．これらの動物群集は基本的には植物による一次生産に依存し，森林生態系の物質循環やエネルギー循環の中で多様な位置に存在し，植物と，あるいは動物どうしで複雑な相互作用を行っている．また動物と一口にいっても，たどってきた進化の道筋によって，形態学的にも生態学的にも異なる特徴をもっている．そこで森林動物群集を構成する主な分類群について以下にその特徴をまとめてみる．

a．脊椎動物
1）哺　乳　類

　哺乳類は世界中で約4,000種が知られ，全種類数の90％以上は既知であると考

えられている．サル，クマ，リス類など，大型で一般になじみの深い動物が森林を中心に生活している印象が強いが，草原性の種も多く，また海洋にも大型種が多数知られる．

　国内の陸生哺乳類は若干の人為的移入種を含めて約110種ほどが知られており，日本は世界の中では森林が豊かな部類に属するため，その大半が森林と深い関係にある．

　日本に分布する種の特徴としては，ニホンカモシカとニホンザルを除けば，大型の種はほとんど大陸との共通種で，固有種はモグラ目，リス目などの小型のグループに多い．

　すでに絶滅したと考えられるものにニホンオオカミがあり，イリオモテヤマネコやツシマヤマネコのような離島のヤマネコ類も絶滅が危惧される種として種の保存法の国内希少種に指定されている．

　哺乳類は古くから食料や衣料の材料などとして人間生活と密接な関係を保ってきた．しかし最近では森林環境の変化，大型捕食者であるニホンオオカミの絶滅，狩猟者の減少などの諸要因でバランスがくずれ，西南日本のツキノワグマのように衰退のいちじるしい種もあれば，一方でニホンジカやニホンカモシカ（図6.16）のように近年では増加傾向にあり，農林業に被害を与えているものもある．

　とくにニホンジカは地域によっては高密度で生息し，植生の更新が不可能と考

図 6.17 樹木への食害が問題となっている房総半島のニホンジカ幼獣

図 6.16 特別天然記念物に指定されているニホンカモシカ（日本カモシカセンター提供）

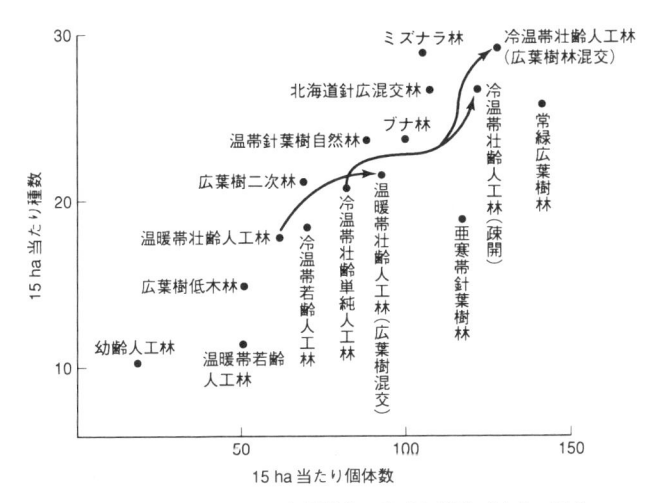

図 6.18 森林タイプによる鳥類群集の密度と種数（由井・石井, 1994）

えられるまでの食害を与える事例があり，個体数管理をいかに行うかが問題となってきている（図 6.17）．

2）鳥　類

世界で 9,000 種強，哺乳類同様ほとんどが既知種と考えられている．森林のほか，干潟，岩礁地帯などに生息する種も多い．国内で約 550 種ほどが記録されているが，鳥類のほとんどは飛翔が可能で移動能力が高いため，固有種は少なく，17 種ほどにすぎない．その中にはヤンバルクイナのように離島のごく一部の地域に限定されて生息している種もある．全体の 3 分の 1 ほどは森林と深い関係を保って生活しているが，そのうち留鳥は 50 種ほどで，残りの種はなんらかの季節的な移動を行う．近年日本の森林地帯がそれほど大きなダメージを受けていないにもかかわらず，渡り鳥の数がいちじるしく減少しているという報告がある（樋口ほか，1997）．これは，夏鳥が越冬地として過ごす熱帯の森林など，国外での経由地の生息環境の悪化と関係があるらしい．

個体数が少なく，天然記念物や種の保存法の指定を受けている種にはイヌワシ，クマタカ，シマフクロウ，クマゲラなど大型の猛禽類，キツツキ類が多い．これらの種には生息に適した比較的広大な面積の森林が必要と考えられている．

鳥類は哺乳類にくらべて種類数が多く，森林の環境変化と鳥類群集の種類数の

相関についてもいくつか報告がある（図6.18）．

3）その他の脊椎動物

哺乳類，鳥類のほかにも，森林を主たる生息域とする脊椎動物としてはトカゲ，ヘビなどの爬虫類，サンショウウオ，カエルなどの両生類，サケ科などの魚類が知られる．両生類，爬虫類は合わせて世界で9,000種，国内で130種ほどが知られる．

両生類は幼生期を水中で過ごすほか，魚類は一生を通じて渓流などに生息するが，えさの供給源，温度調節など，その周囲の環境として森林が重要な意味をもつ種も多い．

魚類は世界で2万種弱が知られるが，回遊魚など広範囲を移動する種も多い．淡水に生息する魚類は回遊魚を含めて国内で二百数十種程度と考えられる．源流部に近い深山渓谷地帯に生息するものはイワナ，ヤマメなど数種程度であるが，近年では人為的に放流された外国産のマス類などもみられる．

b．無脊椎動物

森林では樹上，土中，水中の至るところに多様な無脊椎動物が生息する．もっとも種類数が多いと思われる昆虫類では国内の既知種だけで2万8千種あまり，世界中で80万種ほどが知られているが，潜在的には1千万種とも，その数倍は存在するともいわれている．

その他の節足動物としては甲殻類，クモ類，多足類などがあり，また他に腹足類などの軟体動物，ミミズ，ヒメミミズなどの環形動物，線形動物，扁形動物，原生動物などがある．

これらの無脊椎動物は食物連鎖の中の一次消費者や高次消費者として，重要な役割を果たしており，他の動物群とも密接な関係にある．たとえば，チョウ目の幼虫は小型鳥類などのきわめて重要なえさ資源となっているし，食虫類のように昆虫，ミミズなどを主食とする哺乳類もある．また，多くの動植物にはセンチュウ類などが内部寄生虫として存在する．

また土壌動物と呼ばれる動物群集は，有機化合物の分解と土壌の生成に貢献している．土中の有機化合物を最終的に分解するのは菌類，バクテリアなどの微生物が主であるが，その過程に動物群集が大きく関与している．

地上への有機化合物の供給源としては，植物の落葉落枝，枯死木，動物の遺体，

図 6.19 ニホンジカの糞を引きずるオオセンチコガネ

排出物などがある．これらの有機化合物は直接微生物によって分解されるほか，土壌動物の食物となる．植物食のものとしては，ミミズ，ヒメミミズ，ヤスデ，ダンゴムシなど，動物食のものとして，ムカデ，クモ，オサムシなど，糞食のものとして，センチコガネ類(図 6.19)，マグソコガネ類など，死体食のものとしてシデムシ類などがある．またトビムシ類などでは，動物食，植物食，菌食といったようなさまざまな食性の種が存在する．これらの動物の排出物は微生物にとって利用しやすい栄養源を供給するだけでなく，土壌中に団粒構造を形成し，通気性や水分保持に影響して微生物の分解作用を促進する．

また熱帯林における有機物の分解では，樹木の幹や葉を直接食べたり，菌類を培養する材料とするシロアリ，アリ類が大きなはたらきをしている．

渓流や湖沼の水中に生息する水生動物は，種類数の面ではごく少数の魚類，両生類以外の大多数が無脊椎動物ということになる．トビゲラ，カワゲラなどの幼虫，いわゆる水生昆虫とよばれるグループをはじめとする水生動物群集は，森林から供給される落葉などの有機物を分解し，より高次の捕食者へとつながる食物連鎖を形成している．

6.8 動物群集の多様性とその保全

a．動物群集の多様性

動物群集の種多様性はどのように捉えるべきものなのであろうか．生物多様性 (biodiversity) という言葉が提唱され，とくに遺伝子レベルや生態系レベルで多様性が話題になり始めたのは 1980 年代後半以降の比較的最近のことであるが，種多

表6.4 さまざまな多様度指数(木元・武田, 1989)

Simpsonの多様度指数	$\left(\dfrac{1}{\lambda}\right) = \dfrac{1}{\sum_i p_i^2}$
森下の β 指数	$\beta = \dfrac{N(N-1)}{\sum_i n_i(n_i-1)}$
Shannon-Wiener指数	$H' = -\sum_i p_i \ln p_i$

N, 全個体数；n_i, i 番目の種の個体数．；p_i, 全個体数に占める i 番目の種の個体数の割合．

様性が測定可能な生態学的特性であるという認識は古くからあり，さまざまな多様度指数が考案されてきた(木元・武田, 1989)．代表的なものを表6.4にあげる．

これらの多様度指数は，いずれも群集を構成する種の数とそれぞれの種の個体数から求めるもので，その種の生態系における役割やその種の属する分類群の特性を反映するものではない．したがって，異質な分類群をまとめて同等に扱うことには問題がある．また，その動物群集を取り巻く環境条件は，局地的な植生の差にも大きく左右されるほか温度，降水量などの気候条件にも大きく影響される．さらには，生物地理学的な問題として，環境条件が許容してもその種の分布域がまだ十分に拡大していない場合もあろう．

そもそも種とはいったいどういうものであろうか．Mayr (1949) による生物学的種概念（生殖的隔離を基準とする）をはじめ，いくつかの種の概念が提唱されているが，現状では種を厳密に定義することはきわめてむずかしいというのが多くの生物学者の一致した見方といえよう．たとえば有性生殖を行う生物と無性生殖を行う生物，さらにはバクテリアなどの原核生物などの間で種の在り方はまったく異なるといえる．したがって種多様性を考える際には，これらのことを認識したうえで，群集を構成する実体としての種を客観的に捉え，十分なデータの蓄積を行うことや，目的に見合ったデータ処理を行うことなどが重要になる．

いっぽう，生物多様性という新しい用語のもつ意味は，この種多様性よりも多くのレベルの多様性を意味している．もともとが地球規模の生態系の変貌に対して，その保全を目指す立場で提唱された言葉であって，それゆえ保全生物学という新しい学問の分野をつくり出すに至った．

生物多様性の尺度も，種レベルをはじめ遺伝子レベルなど，さまざまなレベルに主眼をおいて考案されているが，どれをとってもその群集のもつ多様性のすべての側面を表現できるものではない．種多様性がもっともわかりやすい多様性の

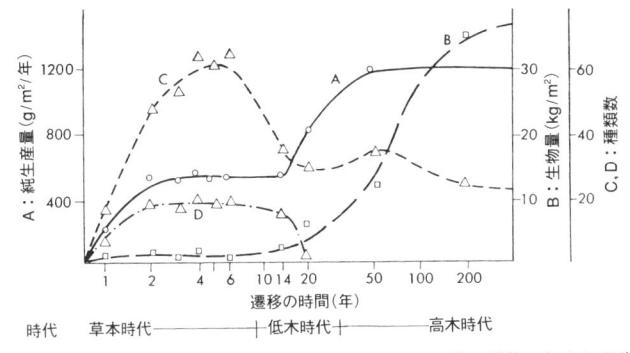

図 6.20 ニューヨークの Brookhaven のナラーマツ林の遷移にともなう生産力,生物量,および種類数の変化(Holt and Woodwell の未発表データ.引用は Whittaker, 1978)
A:純一次生産量,B:生物量,C:0.3 ha の標本中の種類数,D:外部から入ってきた植物の種類数.

指標のひとつであることはまちがいない.

b. 植生の変化と動物群集

　植物相が遷移すると動物群集もそれにともなった遷移をみせる.遷移の最終段階,すなわち極相(climax)は,植物にとって安定した状態であるといえるが,同時にもっとも多様性に富んでいるとか,一次生産力がもっとも大きいというような状態では必ずしもない.一般に動植物の種の多様性は,植物群落の高さが高いほど,あるいは階層構造が複雑なほど高い傾向がある.通常寒帯や乾燥地帯を除けば,陸上の植物の遷移は草本から低木,さらには高木の段階へと進んでゆくが,極相まで進むと植物種も動物種もむしろ減少してしまう傾向がある(図6.20).もちろん,遷移の途中に特異的に出現する植物種も多数存在し,そのような植物に依存する動物種も存在する.

　当然のことながら,人間の営みはこの植物の遷移を大きく左右することになる.自然環境が大きく改変されてしまった都市や集落の周辺部には,耕作地のほか人間が日常的に,あるいは定期的に利用する二次的な自然が存在するというのが普通である.これらの場所では木材の伐採や草本の採取などにより,植物相の遷移が中断させられ,あるいは一定の状態に維持されたりしている.このような場所からさらに奥地に向かうと原生の自然により近い状態に近づいてゆく.

熱帯林が急速に失われつつあることの背景には，熱帯地域の人口爆発や外国資本の導入などがあり，比較的原生の自然に近い状態からの消失が特徴となっている．いっぽうで長い歴史の過程で都市や農村の人口を支えるため，自然が大きく改変されていった中国のような例もある．

日本においても，都市周辺部はもちろん農村地域でも，自然環境は古くから人間の干渉を受け続けてきた．森林に恵まれた日本では，奥山の原生に近い森林からいわゆる里山とよばれる二次的な森林地帯まで，さまざまな状態の森林をみることができる．

とくに里山の地域では，人間の生活や農耕活動に不可欠な燃料，飼料，肥料といった資源を長らく草木に依存してきた．このため植物の遷移は常に人間の干渉を受けて極相に達することができず，たとえばアカマツ林であるとか，クヌギ，コナラを交えたようないわゆる雑木林，あるいは疎林，草原といった状態で維持されてきた．また，大型鳥獣は一定数食料や衣料の材料として狩猟されてきた．このような環境に適応した動物群集が場合によっては数百年も維持されたという歴史がある．

たとえば，希少昆虫の代表的な例としてよく引合いに出されるギフチョウ（チョウ目）という種がある（図6.21）．この種は本州中西部に広く分布していたが，近年各地で減少傾向がいちじるしく，各自治体の保護条例がもっとも多く制定されている種のひとつとなっている．桜の花が咲くころにだけ出現するこのチョウは，その美しい姿から「春の女神」ともよばれている．この種は暖温帯の落葉広葉樹林，通常雑木林とよばれる二次林にもっとも適応している．このような林に

図6.21 春の女神とも称されるギフチョウ
（撮影：中西元男）

6.8 動物群集の多様性とその保全 113

図 6.22 カシ林の代表的なチョウ，キリシマミドリシジミ（撮影：市橋　甫）

は，クヌギ，コナラなどの樹種のほか，アカマツがまばらに交ざったりしている．春先に出現するこの種の親チョウは，まだ葉の伸びきっていない高木の下の，日当りのよい林床に咲くカタクリなどの小さな花で吸蜜し，同じく林床のカンアオイ類の葉に産卵する．晩春には蛹となり，その後日陰となった林床の物陰で長い休眠生活に入る．二次林に適応し，増加してきたと考えられるこの種は，今なお環境のよい地域では多くの個体を見ることができる．しかし多くの生息地では森林の遷移が進んだり，拡大造林時に植林された樹木が成長したりして，林冠が閉鎖して林内が暗くなったため，激減していると考えられる．この種を保護しようとすれば，このような生態的な特徴を理解した上で，環境そのものを含めた保護政策を実施しないとまったく成果は期待できない．しかし，多くの地点では採集禁止の看板を立てるだけで有効な措置が取られているとはいいがたい．

　山地の渓谷地帯に生息するチョウにもさまざまなタイプがある．カシの仲間やそれに着生するランを幼虫のえさ植物とするルーミスシジミやゴイシツバメシジミなどは西南日本のきわめて限られた地域にしか生息していないが，これらの種は原生林に近い自然度の高い森林にしか見られない．いっぽう同じカシ林に生息するキリシマミドリシジミ（図 6.22）は三重・滋賀県境の鈴鹿山脈に多く生息するが，これは同地で古くから行われていた炭焼きのため，萌芽更新をおこしたアカガシが多く存在し，幼虫の食べる新芽が大量に供給されてきたことと関係が深い．

　チョウ類などの昆虫の場合，遷移の途中，あるいは絶えず人手の加わった環境に好んで生息する種も多く存在する．今ある動物群集をなるべく現状のまま保全しようとするならば，その生息環境に対して積極的に人間が手を加えなければな

らない場合も考えられるのである．

ペットの反乱

　人類や物資の移動が盛んに行われるようになって以来，帰化生物が新しい土地に居ついてしまうことはよくあったことだが，それにともなって生態系の食物連鎖が大きく変化してしまうこともある．日本でも，養殖用に輸入された動物が帰化し，広く定着したものとしてはアメリカザリガニやウシガエルなどが有名な例であろう．また，日本の湖沼の生態系を大きく攪乱しているとされるブラックバスなどは，多くの場合心ない釣人が人為的に放したものではないかといわれている．

　最近ペット用動物の種類が多様化し，また逃げ出したり，放されたりしたと考えられるさまざまなペットがあちらこちらで見つかっている．熱帯産の爬虫類など，日本の気候には適応できずに死に絶えてしまうであろうと思われるものもあるが，定着したらしいものも少なくない．

　特にカメ類は生命力が強く長命であり，各地の川や湖沼で元ペットとおぼしき外国産のカメ類がみられるようになってきた．幼亀がミドリガメとよばれるミシシッピーアカミミガメや非常に大型になるカミツキガメなどは日本在来のイシガメやクサガメの生活を脅かし，さらに在来のカメのようにおとなしくないので，不用意に近づくと大ケガをしかねない．

　外国産の帰化種ばかりが問題ではない．西表島でもイリオモテヤマネコの生活圏を野良ネコが脅かしているし，沖縄本島のカブトムシの固有亜種(地理的品種)がデパートで売られていたものから広がったと考えられる本土産のカブトムシによって純血を失いつつある．

　人間の愛玩用に飼われていたかわいらしい生物も，自然界では自分の生活圏を確保するため，必死に抵抗し続けているのである．

---

c．森林動物群集の保全

　森林における動物群集は植物や無機的環境などと深く関係しながら，全体として生態系を形成しているのであって，動物群集の保全を考える上でも森林生態系全体の保全が欠かせない．グローバルな見方をすれば森林が失われるということが，すなわち動物群集も失われてゆくということに直結するわけである．

　では，動物群集の保全にとってとくに留意しなければならないのはどのようなことであろうか．たとえば森林の豊かな国ともいうべき日本の現状はどうなのであろうか．高山帯や原生林，高層湿原などの貴重とされる生態系では，生態系そのものを手付かずのまま保全しようとする政策も一部地域ではとられている．また，自然公園法などの規定により開発に制限の加えられている地域もある．人間

生活との関係で活用しなければならない森林もある以上，地域を限って保全しようとすることは巨視的には妥当性をもつものといえる．

また，大型動物である鳥獣に関しては古くから食料，衣料などの資源として活用されてきた歴史的背景から，種や個体数，時期や地域などを規定して狩猟が許可されてきた(「鳥獣保護及狩猟ニ関スル法律」)．近年では，個体数の増加にともなう農林業の被害増大のため，特例的にニホンカモシカ(特別天然記念物)の捕獲や，ニホンジカなどの規定数以上の捕獲が認められている地域もある．

一方で貴重な動物種を種や個体群ごとに選定し，それを保護しようとする試みもなされている．「絶滅のおそれのある野生動植物の種の保存に関する法律」(種の保存法：1992年制定)では，希少な国内の動植物約60種とワシントン条約などの国際条約で対象となっている種について，捕獲，譲渡，譲受，陳列，輸出入，生息地での行為に制限を設けている．また，これに先立つ1991年に環境庁は日本版レッドデータブックを刊行した．それによると絶滅種，絶滅危惧種，危急種，希少種，保護に留意すべき個体群に分類され選定された種は，脊椎動物283種，無脊椎動物410種となった．大型動物では比較的妥当な選定がなされているといえるが，無脊椎動物，とくにその半数を占める昆虫類などでは技術的な問題から多くの選ばれるべき種が洩れている可能性がある．

たとえば，昆虫類は実に多様な環境に適応して生活しているため，まれにしか発見されない種があったとしても，本当にその種がまれな種なのか，たまたま人

表 6.5 日本で絶滅の危機に瀕している昆虫類の種類

昆虫の目	日本産既知種	レッドデータブックで選定された種類数					
		絶滅種	絶滅危惧種	危急種	希少種	地域個体群	計
ガロアムシ目	6	0	1	0	0		1
トンボ目	187	0	2	1	38	0	41
バッタ目	222	0	0	0	2	0	2
カメムシ目	2,848	0	3	3	9	1	16
アミカゲロウ目	138	0	0	0	1	0	1
コウチュウ目	9,131	2	12	5	38		57
ハエ目	5,298	0	1	1	2	0	4
ハチ目	4,152	0	0	1	31	0	32
シリアゲムシ目	38	0	0	0	2	0	2
トビケラ目	356	0	0	0	1	0	1
チョウ目	5,173	0	4	4	42	0	50
その他	1,388	0	0	0	0	0	0
計	28,937	2	23	15	166	1	207

(環境庁編(1991)と日本産昆虫総目録(九大，野生研編，1989による．引用は佐藤ほか，1993)

間の目に付きにくい環境にしか生息しない種であって潜在的には多数存在する種なのかという判断はきわめてむずかしい．あるいは長らく発見されていなかった種が30年ぶりに再発見されるといったようなこともある．したがって昆虫の場合，絶滅種かどうかという判断が困難なこともある．

具体的な例をみてみよう（表6.5）．選定された207種のうち，多くはトンボ目，コウチュウ目，チョウ目などといったところに集中している．これらはアマチュア昆虫愛好家を含めて人気のあるグループであって，一般に目に付きやすく，生

異常気象への反応

「観測史上初めての…，2番目の…」という言葉が気象情報でよく聞かれるようになった．地球は基本的に温暖化の方向に進み，その過程でさまざまなうねりが生じているらしい．最近では異常気象という言葉が日常的になってきた感さえある．温度や降水量が変化すれば，当然生物のフェノロジーやその他の生活に影響があるはずである．

日本では1985年以降基本的に暖冬が続いている．このころから暖地性のチョウ類の北上が話題となってきた．たとえば三重県では1970年代までナガサキアゲハ，サツマシジミ，ヤクシマルリシジミといったような暖地性のチョウはほとんど記録されることがなかった．1990年代に入ってこれらの種は県の中南部に普通に見られるようになった．また，元来南西諸島にしか土着していないと考えられるアオタテハモドキやウスイロコノマチョウも相次いで記録された（一時的な定着？）．

1993年の冷夏の年には秋になってから多くのセミの声を聞くことができた．いっこうに暑くならないので，土の中でじっと待っていたセミの幼虫がついに待ち切れずに羽化したのであろうか．羽化に失敗し，半分成虫の体が背中からはみ出て死んでいる幼虫の姿もよく見かけられた．

1994年はうって変わって猛暑の年となった．この影響で翌年の初春にはスギの木が大量の花をつけ，花粉症の人を大いに悩ませることとなった．

丘陵地の森林付近にみられる歩行虫スズカオサムシ（マヤサンオサムシの三重県鈴鹿市付近の亜種）は，例年春に繁殖行動をおこし，7月頃，親世代の成虫と羽化したばかりの新成虫が重なり合って多数の個体がみられる．その後，しだいに親世代の個体が死に絶え，次世代へと引き継がれてゆく．ところが1995年は春先の寒さで新世代の個体の成長が大きく遅れたのに加えて7月頃，非常に暑くなったため，親世代の個体が早く死んでいった．このため，7月にはほとんどまったく成虫がみられない，空白の期間が存在したのである．8月中旬に多数の羽化個体が認められて一安心といったところであった．

今後もさまざまな現象が観察されることであろうが，願わくば種の絶滅など，とり返しのつかない事態が起こらないように祈りたいものである．

態などもよくわかっていることと関係が深い．ハエ目などは既知種の割合に選定種は非常に少なく，また小型の寄生種が多いこともあって，未知種も多数存在することが推定されている．このような事情から選定種以外にも人知れず姿を消しつつある種が多数存在することは想像に難くない．

絶滅に瀕しているとされるある特定の動物種を保護することに重要な意味があるのだろうか．確かにきわめて多様な動物群集の中でその1種がいなくなることの攪乱はほとんど無視できるようなレベルであることも多いであろう．しかし，絶滅に瀕している種とは，生息基盤が脆弱な種であり，その生息地の環境には潜在的に他の希少な動植物が共存している可能性も高い．したがって，その種の捕獲を禁止するだけでなく，生息環境を含めた保全措置が取られれば，その効果は十分期待できるといえる．またどのような種であれ，種特異的な特徴を有しているわけで，これが将来どのような研究対象となり，どのような知見をもたらしてくれるかわからない．可能性の芽を摘むことはできる限り避けるべきである．

では森林の動物群集の保全のために，現状からはどのような対策を考えてゆけばよいのだろうか．基本的には動物群集の依存している生息環境の保全が重要であり，とりも直さずそれは高木をはじめとする植物相の保全ということにつながる．世界各地から森林がつぎつぎと消失している現在，森林の減少を食い止めることが何を措いてもまず第1に重要なことといえる．しかしこのことは多分に政治的な問題をも含むといえよう．

一方で森林面積が確保されていてもそれだけでは十分とはいいがたい側面がある．日本の現状をみてみよう．日本の森林に占める原生の自然の面積はごくわずかにすぎない．後は二次林もしくは人工林となっている．このため，自然度の高い森林に依存する動物種の生息環境は局地的となっている．原生林を含む自然度の高い森林に関しては極力現状を維持する努力が必要であろう．また，里山の二次的な環境に適応して生活している多くの種（チョウ類，多くの昆虫類などがこれに含まれる）を保全してゆくためには人為の積極的な介入を必要とすることは先に述べたとおりである．このような環境に生息し絶滅の危機が叫ばれている種については，環境ごとに能動的に保全してゆかなければ効果が上がるとはいえない．

〔久保田耕平〕

参考文献（p.126 参照）

7. 森林とその生態系の進化

7.1 進化のパターン

a. 生活史とその進化

　生物が誕生してから死に至るまでの過程を生活史というが，これには生物の大きな分類群やあるいは種などによって実に多様なパターンが存在する．それぞれの種がどのような生活史をもつかは，自然淘汰やさまざまな突然変異，それらが複雑に影響し合っておこった進化の結果といえる．

　生物にとって自分の子孫（遺伝子）を残すということはもっとも重要なことであって，いろいろな生活史の過程の中でも繁殖様式と，繁殖齢までいかにして生き残るかということは，とくに注目されるところである．

　ある種の個体群について齢期にともなう生存率の変化を図示したものが生存曲線である（図7.1 A）．これには大きく分けて3つのパターンがあり，それぞれ死亡率の高い齢期が異なっている．I型は，初期の死亡率が低く，平均寿命を超えてから急速に死亡してゆくもので，大型の哺乳類などにみられる．II型は死亡率が各齢期でほぼ一定となっているもので，鳥類などによくみられる．III型は初期の死亡率がいちじるしく高く，多くの無脊椎動物や魚類にみられる．つまり，このパターンの違いは動物の大まかな分類群の違いにかなり一致しているようにみえる．このパターンは産仔（卵）数とその後の生存率といった生活史上の戦略を端的に表現しているようにみえるが，生物は種によって繁殖回数や一生における繁殖期の相対的な齢が異なっていることに注意しなければならない．生存曲線は寿命の異なる種を比較するため，平均寿命を基準に百分率偏差で図示されることが普通であったが，伊藤（1978）は繁殖開始齢を基準に図示する方法を提案している．この方法では繁殖回数の差などがよく表現されていて，多回繁殖の鳥類では相対的に高齢での生存率が高くなる（図7.1 B）．

　生存曲線のパターンは，いかにして成体になるまで生き残り，繁殖をおこなって死に至るか，という生活史の中でも特に重要な部分と関係が深い．このパター

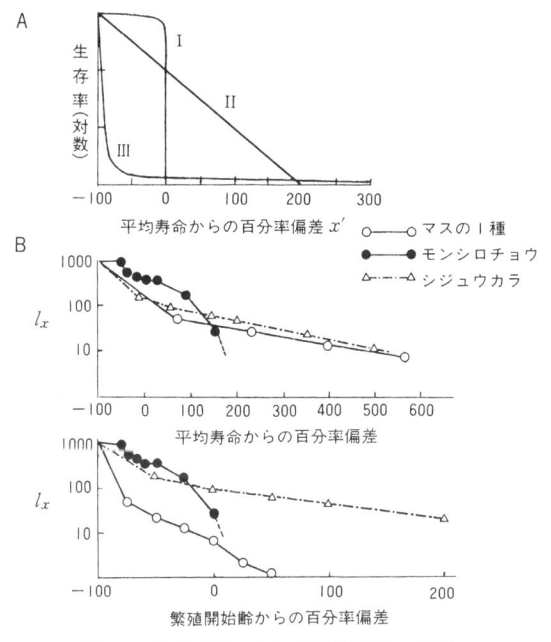

図 7.1 生存曲線のタイプ（伊藤ほか，1992）
A：Deevey (1947) による生存曲線の 3 型，B：平均寿命からの百分率偏差による生存曲線 Deevey (1947) による主張と，繁殖開始齢からの百分率偏差による生存曲線（伊藤，1978 の提唱）の違い．

ンが分類群によってよく似た傾向を示すということは，当然のことながら，生物の進化が形態的な変化のみならず，生活史のパターンを変化させていることを示している．

b．r-K 淘汰説と森林動物群集

MacArthur and Wilson（1967）は，動物の死亡に密度依存的な要因が強くはたらく場合とそうでない場合があることに注目して，死亡要因が密度依存的でなく，通常飽和密度よりはるかに低い密度で生活し，増殖率（r）を高める方向で進化してきたと考えられる場合を r-淘汰（r-selection），死亡要因が密度依存的で，通常高密度で生活し，飽和密度（K）を高める方向で進化してきたと考えられる場合を K-淘汰（K-selection）とよんだ．それぞれの特徴は（表 7.1）に示すとおりである．

森林の動物群集には，大型の哺乳類から無脊椎動物に至るまで多くの分類群が

表 7.1　r-K 淘汰の特徴

	r-淘汰	K-淘汰
生息環境	変動大	変動小
死亡率	破滅的に起きやすい 密度非依存的	密度依存的
生存曲線	III型が多い	I型, II型が多い
生存期間	短い（1年以下が多い）	長い（1年以上が多い）
種内, 種間の競争	比較的おだやか	比較的きびしい
個体群密度	環境収容力よりはるかに低いことが多い	環境収容力に近い
進化形質	早い発育	遅い繁殖
	高い内的自然増加率	高い競争能力
	早い繁殖	ゆっくりとした繁殖
	小さい体	大きな体
	少ない繁殖回数	多い繁殖回数
小さい子を多産	小きい子を多産	大きい子を少産

（古田 (1992), 伊藤ほか (1992) より作成）

認められるが, 一見すると, 大型哺乳類が K-淘汰に, 昆虫類などの無脊椎動物が r-淘汰によく当てはまっているようにみえる. しかし, これはその分類群が進化のかなり初期の段階で獲得した体格の違いをそのまま引きずっていることに由来する部分が大きい. むしろ, たとえば, 同じ昆虫類の中で r-淘汰に相当するアブラムシと, K-淘汰に相当するキクイムシを対比させることの方が現実的である.

ただこの r-K 淘汰説は直観的にはわかりやすいものの, 仮定がきわめて単純な二分岐論法で, 現在は反応規準の進化理論など, より緻密な理論の発展にとって代わられた感がある.

さて, 森林の動物群集の中では, 哺乳類と鳥類はいちじるしく大型であるものが多く, 産仔数も通常は少ない. ただし, 同じ脊椎動物の中でも幼生時代を水中で過ごす魚類, 両生類に関しては産卵数は多く, 通常数十個から場合によっては数千個にも達する.

いっぽう, 昆虫類などに代表される無脊椎動物は一般に産卵数が多く, 水生の種を除けば, 短命であるものが多い. シロアリの女王のように数十年も生きて産卵を続けると推定されるものもあるが, 多くの種は1年数世代から数年1世代程度であり, 生涯産卵数も数十から数万程度の種が多い.

また, 生殖様式も鳥獣では, ほぼ雌雄異体の両性生殖しか認められないのに対し, 無脊椎動物では, 雌雄同体の種や単為生殖を行う種もさまざまな分類群で生じている.

きわめておおざっぱないい方をするならば, 大型の哺乳類や鳥類が子の生存率

を高めて個体の質的な進化を重点的に遂げて来たのに対し，昆虫類などでは多様な種を生み出し，環境の変化が生じてもどの種か，あるいはどの個体かは対応できるように，多様化に重点をおいた進化を遂げてきたといえよう．

7.2 共　進　化

　生物は基本的に多様化する方向で進化するが，その過程で生物間にさまざまな相互作用がみられる．2種以上の種に相互に淘汰がはたらいてそれぞれの種に属する個体の適応度が増加する場合，これらの種は共進化しているというが，この関係を広く捉えて，捕食―被食，寄生―被寄生，共生などの関係もすべて共進化の結果成立したものと考えることができる．

　共進化の代表的な例は虫媒化の花の構造と花粉媒介昆虫の口器などの体の構造であろう．野生の植物の花が美しいのは人間の目を楽しませるためではない．昆虫や鳥などの目を引き，花粉媒介の手助けを効率よくしてもらうことがはるかに重要なことなのである．森林の中の生物群集を見渡した場合，食物連鎖のつながりはもちろん，それをも含めた共進化の連鎖でつながっているともいえる．

　一般に捕食―被食の関係では，捕食者はより効率よく食物を取るために，被食者はいかにして捕食を免れるか，という進化をくり返していると考えられる．たとえば，植物には葉の中に防御化学物質としてある種の有機酸を合成するものがあるが，これを食べる動物には解毒作用を発達させているものがある．マダラチョウやドクチョウの仲間などは有毒成分を含んだ植物を食べることによってその毒を嫌う鳥類からの捕食を免れているのである．

　森林の共生関係の中で最近注目を集めている樹木と外生菌根菌との関係も森林を考えていく上でもっとも重要な共進化のひとつといえよう．

7.3 血　縁　淘　汰

　動物の中には自分では子孫を残さず，自分の所属する集団の女王の子を育てるような利他的行動をもっぱら取るものがある．このようなワーカーとよばれるカーストの存在は，真社会性昆虫類といわれるハチ目（ハチ，アリ），シロアリ目で古くから知られていたが，最近になって哺乳類のハダカデバネズミでもこのような個体が存在することがわかってきた．ただし，ハチ目では真社会性以外の種類の方がはるかに多い．

なぜこのようなカーストが進化可能なのか．長らく種の利益を最上に考えることで説明されてきた．Hamilton (1964) は，個体の適応度に加えて，血縁者を通して自分と共通の遺伝子を残すことによって増加する適応度を含めた包括適応度の概念を提示し，このようなカーストが進化可能であることを理論的に主張した．この考えを血縁淘汰説という．

個体Aの包括適応度は次の式で表現される．

$$IF = W_{AO} - \Delta W_A + \Sigma r_{AB} \Delta W_B \tag{7.1}$$

ここで，W_{AO} は古典的な適応度，ΔW_A は利他的行動による適応度の低下，ΔW_B はBに対する利他的行動の結果のAの適応度の増加分，r_{AB} は両者の血縁度係数である．血縁度係数とは，他者が自分と同じ対立遺伝子をもっている割合のことで，血縁度が高く，利他的行動による他者の適応度増加が大きければ，自己の遺伝子を他者の子孫に受け継いでもらえる可能性が高くなるわけである．ハチ，アリなどでは，ハタラキバチ，ハタラキアリといったワーカーと産卵をおこなう女王とは通常母子関係にあり，世話をすることになる新女王とは姉妹関係にある．

ハチ目の昆虫に血縁淘汰をおこなう昆虫が多い理由については，雄が半数体であり，姉妹間の血縁度が 0.75 と高い（通常の二倍体の生物では 0.5）こと，雄の有害遺伝子が半数体であることにより除去されやすく，近親交配の影響が少ないことなどが考えられている．

森林の昆虫類を考えていく上で真社会性のハチ，アリ，シロアリなどは無視できない存在であるが，同時に他の生物とはまったく異なる血縁淘汰という進化の道をたどってきたのである．

7.4 低移動性動物の種分化

オサムシと呼ばれる昆虫がある．コウチュウ目のオサムシ科に属する大型のグループで森林や草原の地表面を徘徊して小動物を捕獲している（図 7.2）．日本国内で約 40 種ほどが知られるが，後翅が退化して飛翔することができず，移動能力に乏しいと考えられてきた．高い山脈や大河川などの地理的障壁があると，これを越えることができずに地理的な隔離がおこりやすいため，いちじるしい地理的変異を示すことが知られている．中には多くの地方種や同種内で多くの亜種（地理的品種）に整理されている種もある．これらはマイマイなどの低移動性の動物一般に認められる現象であるが，外骨格の体制で形態的な変異がわかりやすく，

図7.2 マイマイを捕食するオシマルリオサムシ

図7.3 ウガタオサムシ(*Ohomopterus* 亜属マヤサンオサムシ志摩半島鵜方地方亜種)の交尾

アマチュア愛好者が世界的にも多いこともあってよく分類体系が整理されている。

日本を代表するオサムシのグループとして *Carabus* 属 *Ohomopterus* 亜属がある（図7.3）。5種群（大型1種群，中型2種群，小型2種群）15種が知られ，多くの地理的亜種が記載されている。この亜属の特徴として重要なことは，雄交尾器内部の内袋に付属してクチクラが硬化した交尾片（骨片）の存在である。この形態は種によっていちじるしく異なり，分類の決め手となる。いっぽう雌の交尾器にも腟盲嚢とよばれる膜状の組織が存在する。交尾時，交尾片は腟盲嚢に収まり，結合が簡単にはずれないように固定されている。交尾片と腟盲嚢の形態は種ごとにみごとに対応し，鍵と鍵穴の関係となっている（図7.4）。

体サイズでみた場合，ふつう大型，中型，小型の3種群が同所的に存在可能で，同サイズの複数種が同じ場所に見られることはほとんどない。サイズの似通った近縁種どうしの分布域はジグソーパズル状になっていて，その境界線はある場合には大河川に一致し，ある場合には狭い混棲地帯をはさみ，またある場合にはより狭い交雑地帯をはさんで側所的に両種の分布が認められる。

交雑地帯では，明らかに中間的な交尾器の構造をもつ個体が存在する。しかも雄の交尾片が破損していたり，折れた交尾片を腟盲嚢の中に入れたままの雌が発見されたりしたのである（図7.5，Kubota, 1988）。これらの現象を確認すべく，2種間で交配実験を行ったところ，さらに興味深いことがわかった。なんと，異

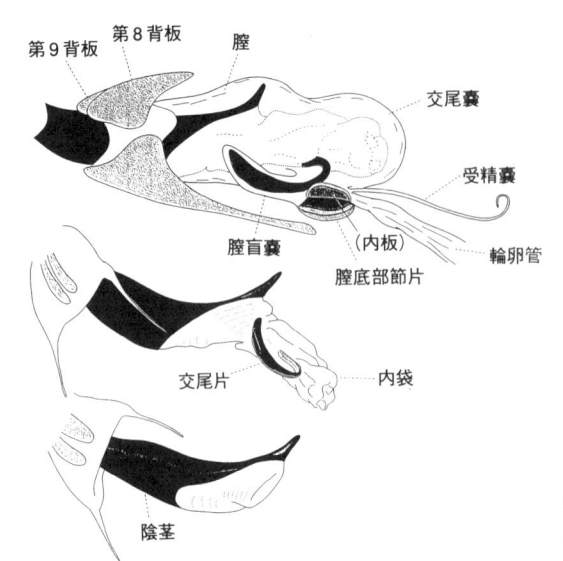

図7.4 *Ohomopterus* 亜属（アオオサムシ）の交尾器の対応関係（曽田・久保田，1995）
下：通常の状態の雄交尾器，中：内袋が反転した状態の雄交尾器，上：雄交尾器が腟に挿入され，交尾片が腟盲嚢に入った状態．

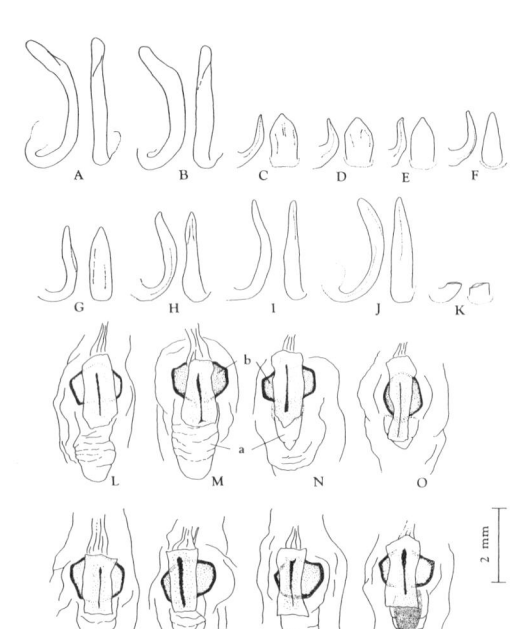

図7.5 交雄帯の交尾器の変異（Kubota，1988）
A-K：雄の交尾片，L-S：雌の交尾器，A-B，L-M：スズカオサムシ（マヤサンオサムシの亜種），C-D，N-O：ヌノビキオサムシ（イワワキオサムシの亜種），E-K，P-S：種間雑種（2種の交雑帯より）．a：腟盲嚢，b：胚体．

種間の交尾では，雄の交尾片が頻繁に折れるのみならず，うまくゆかない交尾をくり返し試みるうちに，雄が雌の膜状組織を突き破り，しばしば殺してしまったのである．ただ，まれに交尾がうまくいって受精卵が得られた場合には F_1 は無事に羽化した．また，F_1 をどちらかの種に戻し交配した場合には，その種により近い雑種が誕生したのである．

雑種形成が認められる組合せでは，異なる種の雌雄どうしは同種か異種かあまり区別できない．近縁であるがゆえに無駄な交尾にエネルギーをロスしてしまい，少しは雑種をつくる場合はあっても，完全に混ざり合うことができない．

分子系統解析と形態分類学

近年 DNA の塩基配列を調べて系統解析を行うことが，かなりの生物群でおこなわれるようになってきた．その中でも注目されているもののひとつに生命誌研究館で進められているオサムシ類のミトコンドリア DNA による系統解析があげられよう．地理的変異の大きいオサムシ類は従来形態学的な特徴から分類体系が形づくられてきた．Su, et al. (1996) の DNA 解析による分子進化の分析結果は，形態分類学の第一人者である石川（1991, ほか）の分類体系と大筋で矛盾のないものであった．

ところが，本文中で言及した *Ohomopterus* 亜属の系統解析だけは大きな矛盾を含むものとなった．石川 (1991) によると *Ohomopterus* 亜属の種は形態的特徴である交尾器や体サイズのタイプが異なる5種群に分化，さらに全国各地でそれぞれが種分化，亜種分化をおこしたと推定される．Su, et al. (1996) の分子系統解析の結果はこれと大きく異なり，主として地域的な分化がおこり，それぞれの地域の中で，同様の交尾器形態の分化や体サイズ分化が並行的に生じたと推測されるものである．この分析で別系統とされたものには従来の形態による分類では同一種であったものを含んでいる．Su, et al. (1996) は *Ohomopterus* 亜属の形態の特徴を支配している複数の遺伝子を発現する上位の遺伝子がそれぞれの地域で独立に同様な変異をおこすことによって形態的に区別のつかないオサムシが並行進化するという，タイプ・スイッチング説を提唱した．これは従来の形態分類学の常識を覆すものであり，画期的な仮説であるが，いっぽうで本文中に述べたようにこのグループは交雑をおこしやすいというきわめて重要な特徴をもっている．この分子系統解析と形態分類学の不一致がタイプ・スイッチングによるものなのか，交雑起源の遺伝子の浸透によるものなのか，あるいは両方の要因がはたらいているのか，今後の研究が待たれるところであるが，いずれにしても *Ohomoterus* 亜属の種分化は形態的特徴による分類とよく一致する単純な分岐だけでおこっているわけではないようである．

交尾器の構造や体サイズは，共通の子孫を残してゆけるかどうかという，種族の保存上きわめて重要な形質であるといえる．ただし，その他にもあまり淘汰を受けないのではないかと思われる形質上の変異もある．交雑地帯を挟む分布の場合，交尾器が中間的な形態を示す範囲は非常に挟いのに対し，色彩変異などの形質はもう少し相互に中間地帯が広がっている．すなわち，交尾器の形態で種が区別されていると考えるならば，種を超えた遺伝子の浸透現象も認められるということになる．さらには混棲可能な体サイズの異なる種群間でも，きわめてまれではあるが雑種形成が認められることがある．

　一般に2種が同所的に生息できない場合，共通の資源をめぐる競争にその要因を求める考えが長らく有力であった．しかし，最近は異種間で交尾行動をとることのエネルギーロスに要因を求める説も提唱されている．この現象は生殖干渉あるいは性的競争とよばれ，理論的モデルもつくられている(Kuno, 1992)．オサムシのこの事例は後者の典型的なものといえる．

　低移動性の生物はその特性ゆえに地理的な分化をおこしやすいが，このような不完全な生殖隔離がはたらくことによって，側所的な分布パターンの形成や二次的な交雑による遺伝子の浸透をひきおこす可能性も同時に秘めている．

〔久保田耕平〕

参 考 文 献

Deevey, E., S., Jr. (1947). *Quart Rev. Biol.*, **22**：283-314.
古田公人 (1992)．森林保護学 (真宮靖治編)，pp. 57-118，文永堂．
Hamilton, W. D. (1964). *J. Theor. Biol.*, **7**：1-52.
樋口広芳・森下英美子 (1997)．生物多様性とその保全，pp. 95-104，裳華房．
石川良輔 (1991)．オサムシを分ける錠と鍵，八坂書房．
伊藤嘉昭 (1978)．比較生態学 (第2版)，岩波書店．
伊藤嘉昭ほか (1982)．動物生態学，蒼樹書房．
環境庁編 (1991)．日本の絶滅のおそれのある野生生物 (レッドデータブック)，無脊椎動物編．
木元新作・武田博清 (1989)．群集生態学入門，共立出版．
Kubota, K. (1988). *Kontyu*, **56**：233-240.
Kuno, E. (1992). *Res. Popul. Ecol.*, **53**：203-216.
MacArthur, R. H. and Wilson E. O. (1967). The Theory of Island Biogeography, Princeton Univ. Press.
Mayr, E. (1949). Systematics and the Origin of Species, Columbia University Press.
佐藤正孝ほか (1993)．滅びゆく日本の昆虫，築地書館．
曽田貞滋・久保田耕平 (1995)．昆虫と自然，**30**(2)：13-19．
Su Z.-H. et al. (1996). *J. Mol. Evol.*, **43**：662-671.
Whittaker, R. H. (1978)．生態学概説—生物群集と生態系 (第2版) (宝月欣二訳)，培風館．
由井正敏・石井信夫 (1994)．林業と野生鳥獣との共存に向けて，日本林業調査会．

索　引

あ　行

亜寒帯　96
アザミウマ目　70
亜種　114, 122
暖かさの指数　93
亜熱帯　95
$r\text{-}K$ 淘汰説　119
アンモシーテス　30
アンモナイト　27

維管束植物　87
生きている化石　41
異質染色質　4
異質倍数体　50
異種置換　10
異所性種分化　80
異数体　50
一次作物　56
遺伝暗号　4
遺伝暗号表　5
遺伝子の固定確率　8
遺伝子変換　4
遺伝情報　2
遺伝的固定　8
遺伝的重複　59
遺伝的多型　73
遺伝的浮動　8, 14, 15
移動　66
イントロン　5

ウォーレス線　102
雨緑樹林　95

エキソン　5
益虫　62
エディアカラ　25

鰓呼吸　32
塩基　4
延長形　43
エンメルコムギ　58

オウムガイ　27
オサムシ　122
オタマジャクシ型幼生　30
オルドビス紀　26
温帯夏緑樹林　96
温帯針葉樹林　96

か　行

外骨格　62
開始コドン　5
外生菌根菌　121
害虫　62
開放血管系　63
海洋回遊　46
隔離　53
カースト　121
化石昆虫　69
下等維管束植物　82
　　──の時代　82
夏眠　42
カメムシ目　68
がらくたDNA　5
環形動物　25, 27
完全変態　64
カンブリア紀　25

偽遺伝子　11
気管系　63
寄主選好性　71
寄生　71
季節的多型　74
季節林　95

キチン　63
キツツキ類　108
ギフチョウ　113
気門　63
逆位　8
球形　43
旧口動物　27
休眠　65
QTL　55
共進化　71, 121
共生　121
共生説　23
極相　111
棘皮動物　27
巨大高木層　98
魚類の時代　39
キリシマミドリシジミ　114

クチクラ　63
群体　24

系統樹　14
K指数　93
血縁淘汰　121
欠失　8
Köppen　92
ケッペンの指数　93
ゲノム　49
ゲノムサイズ　2
ケランガス林　101
原核生物　22
原口動物　27
原始大気　20
原始星　17
減数分裂期　52
原生生物　24

広塩性　43
広温性　43
降河（海）回遊　43
光合成細菌　1
後口動物　27

硬骨魚類　34
後生動物　26
コウチュウ目　69
抗凍結物質　43
交配後隔離　80
交配前隔離　80
交尾片　123
甲皮類　39
高木層　98
硬葉樹林　95
硬鱗　38
ゴキブリ目　68
呼吸孔　38
国際DNAデータバンク　14
コケ林　100
古細菌　23
古翅類　76
子育て　45
コドン　5
コドン選択　10
コドンファミリー　6
コノドント　30
古杯類　26
コムギ族　57
コロニー　24
昆虫　61
ゴンドワナ大陸　85

さ　行

細菌　23
鰓杷　46
栽培植物　54
殺虫剤抵抗性　80
里山　112
サバナ林　97, 99
寒さの指数　93
サメ・エイ2分岐説　35
山地多雨林　100
三葉虫　26

CI　93
シアノバクテリア　21, 82

索引

自己複製能力　19
四肢類　33
雌性先熟　46
自然公園法　115
C値　2
湿地林　100
刺胞動物　25
翅脈　70
種　1
　——の起源　88
雌雄同体　120
雌雄二型　73
修復機構　9
縦扁形　43
収斂進化　14
縮重　6
種多様性　110
種分化　80
順化　56
楯鱗　40
条鰭亜綱　36
衝突脱ガス　18
食性　46, 71
植物区系　89
植物区系地理学　88
植物生態地理学　88
植物地理学　87
シーラカンス類　40
シラミ目　70
シルル紀　26
進化　2, 15
真核生物　23
新鰭下綱　36
新口動物　27
真骨類　38, 42
真社会性　121
新翅類　76
新ダーウィン主義　13
針葉樹類　90

随意休眠　72
水生昆虫　109

ストロマトライト　21
スピロヘータ　23
スプライシング　5

生活史　118
生殖干渉　126
生殖的隔離　80
生存曲線　118
性的競争　126
性的二型　45
性転換　45
性の分化　53
製パン性　60
生物界　87
生物学的種概念　110
生物圏　86
生物多様性　2, 110
脊椎動物　29, 31, 106
節足動物　27, 61
節足動物門　62
絶対休眠　72
絶滅のおそれのある野生動植物の種の保存に
　関する法律　116
遷移　111
先カンブリア紀　25
先口動物　27
染色体　48
染色体末端　4
センスコドン　5
選択　15
全頭亜綱　36

総鰭下綱　36
総鰭類　40
相互転座　54
挿入　8
ゾウリムシ　25
藻類　82
　——の時代　82
側所的　123
側扁形　43
遡河回遊　43

た 行

対合　50
第三紀周（北）極植物　91
代謝機能　19
胎生　45
体節構造　62
大氷河時代　85
大陸の移動　85
Darwin　88
多価染色体　52
多細胞生物　24
多重遺伝子族　4
脱皮　64
WI　93
ターミネータ　4
多様性　1
多様度指数　110
タルホコムギ　59
単維管束類　92
単為生殖　120
暖（温）帯　95
暖帯夏緑樹林　96

置換　8
地質時代区分　83
腔盲嚢　123
地表層　98
虫媒花　121
中立　7
中立突然変異　8
鳥獣保護及狩猟ニ関スル法律　115
チョウ目　69
鳥類　107
直列型反復　3
地理的品種　114, 122

ツキノワグマ　106

DNA　22
　——の損傷　8
　——の複製　7

DNA 多型　55
DNA 量　2
低木層　98
デボン紀　39
転位　11
転換　11
転写　4
伝播　57

同義語コドン　6
同義置換　9, 13
動原体　4
同時成熟　46
同質倍数体　50
同種置換　10
同所的　123
同所的種分化　81
同祖染色体　59
動物群集　105
通し回遊　46
土壌動物　108
突然変異　7
トビムシ目　67
トンボ目　68

な 行

内鼻孔　41
ナメクジウオ　30
軟骨魚類　34
軟質下綱　36
軟質類　41
ナンセンスコドン　5

二価染色体　50
肉鰭亜綱　36
二次作物　56
ニハイチュウ　25
ニホンカモシカ　106
ニホンジカ　106

熱水噴出孔　20
熱帯　95

索引

熱帯季節林　97
熱帯常緑季節林　99
熱帯多雨林　95,97
熱帯ヒース林　101
熱帯落葉季節林　99
熱帯林　96

農業の発祥地　55
農耕の起源　54
ノミ目　70

は 行

バイオマス　86
肺魚ト綱　36
肺魚類　40
倍数化　53
倍数体　50
倍数体複合　53
ハエ目　69
パカライマ亜科　104
バージェス頁岩　27
ハジラミ目　70
ハチ目　69
発育0点　72
発散的進化　14
バッタ目　68
パンゲア大陸　85
パンコムギ　57
板鰓類　35
半索　29
半索動物　27
繁殖開始齢　118
繁殖回数　118
反復DNA　3

非還元配偶子　50
被子植物　84
ビッグバン　17
非同義置換　9,13,15
ヒトツブコムギ　58
皮膚呼吸　42
ピリミジン　6,11

微惑星　17

不完全変態　64
複維管束類　92
フタバガキ亜科　103
フタバガキ科　102
不等交叉　3
部分異質倍数体　52
普遍暗号表　5
プリン　6
プリン　11
プロモータ　4
フロラ　84
分岐分類学　31
分散型反復　3
分子系統樹　14
分子進化　13
　——の中立説　13
分子時計　12
Humboldt　87

平均棍　70
変態　30,64

萌芽更新　114
包括適応度　122
紡錘形　43
保護色　45
捕食　71
捕食寄生　71
保全生物学　111
北方針葉樹林　96
哺乳類　106
ホヤ　30

ま 行

マイコプラズマ　23
マカロニコムギ　58
マグマオーシャン　18
マグマの海　18
マツ科樹木　90
マングローブ林　100

ミトコンドリア 23

無顎類 32, 34
無翅昆虫 67
無脊椎動物 29, 108

猛禽類 108
木生シダ 82
モノテス亜科 103
モンスーン林 95

や 行

ヤツメウナギ 30, 39

有効積算温量 72
有翅昆虫 67
雄性先熟 46

幼生成熟 30
葉緑体 7, 23
読み枠のずれ 9

ら 行

落葉針葉樹林 96
裸子植物 90
　　——の時代 82

ラワン 104
卵生 45
藍藻類 22

利他的行動 122
リボソーム 5
留鳥 107
両側回遊 43
量的形質の遺伝子座 55
Linné 86

(冷) 温帯 96
歴史的植物地理学 88
レッドデータブック 116
レトロポジション 3
レトロポゾン 3
レプトケパルス 44
レフュジア 102

ローラシア大陸 85

わ 行

ワシントン条約 116
渡り鳥 107
Walter の気候図 97
腕鰭類 38

農学教養ライブラリー2
生物の多様性と進化（普及版）　　定価はカバーに表示

1998年10月20日　初　版第1刷
2010年10月30日　普及版第1刷

編　者　東京大学農学部
発行者　朝　倉　邦　造
発行所　株式会社　朝　倉　書　店
　　　　東京都新宿区新小川町6-29
　　　　郵便番号　162-8707
　　　　電　話　03(3260)0141
　　　　ＦＡＸ　03(3260)0180
　　　　http://www.asakura.co.jp

〈検印省略〉

Ⓒ 1998〈無断複写・転載を禁ず〉　　教文堂・渡辺製本

ISBN 978-4-254-40537-8　C 3361　　Printed in Japan